Viviane Theby

So lernen Pferde

Müller
Rüschlikon

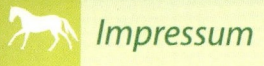

Einbandgestaltung: Kornelia Erlewein

Titelbild: Viviane Theby

Bildnachweis: Alle Bilder stammen aus dem Archiv der Tierakademie Scheuerhof

Alle Angaben in diesem Buch wurden nach bestem Wissen und Gewissen gemacht. Sie entbinden den Pferdehalter nicht von der Eigenverantwortung für sein Tier. Für einen eventuellen Missbrauch der Informationen in diesem Buch können weder die Autorin noch der Verlag oder die Vertreiber des Buches zur Verantwortung gezogen werden. Eine Haftung für Personen-, Sach- und Vermögensschäden ist ausgeschlossen.

ISBN 978-3-275-01804-8

Copyright © 2011 by Müller Rüschlikon Verlag
Postfach 103743, 70032 Stuttgart
Ein Unternehmen der Paul Pietsch Verlage GmbH & Co. KG
Lizenznehmer der Bucheli Verlags AG, Baarerstr. 43, CH-6304 Zug

1. Auflage 2011

Sie finden uns im Internet unter www.mueller-rueschlikon-verlag.de

Gesamtleitung: Claudia König
Lektorat: Angela Saur
Innengestaltung: Kerstin Diacont
Druck und Bindung: KoKo Produktionsservice, 70900 Ostrava
Printed in Czech Republic

1

Was ist Lerntheorie?

1. Was ist Lerntheorie?

Pferde zu trainieren kann viel Spaß und Freude machen. Aber leider gibt es auch oft Frust und Enttäuschung. Es werden sehr viele unterschiedliche Trainingsmethoden angeboten, so dass man als Pferdehalter die Qual der Wahl hat. Mit der Kenntnis der Lerntheorie ist es möglich, sich informierter für eine dieser Methoden zu entscheiden und sich auch leichter ein Bild über den Trainer zu machen.

Das Lernen wird schon seit Jahrzehnten intensiv erforscht, sowohl aus verhaltensbiologischer als auch aus neurophysiologischer Sicht. Dabei wurden sehr viele Gesetzmäßigkeiten entdeckt, die ähnlich wie Naturgesetze nachweisbar und wirksam sind. So gibt es z.B. das berühmte Experiment von Iwan Pawlow, mit dem er die klassische Konditionierung entdeckte, die weiter unten noch genau beschrieben wird. Die klassische Konditionierung ist seitdem sehr gut untersucht worden und kann als Tatsache gelten. Weitere Gesetzmäßigkeiten sind das »Law of Effect« (Gesetz der Wirkung) von Edward Thorndike und nicht zuletzt B. F. Skinners Arbeit über die operante Konditionierung. Auf alle diese Bereiche werde ich später noch eingehen.

Training mit Wissen über die lerntheoretischen Hintergründe macht Spaß und ist ein Beitrag zum Tierschutz.

Im Training geht es dann darum, mit den Prinzipien der Lerntheorie Verhalten zu ändern. Der Vorgehensweise, die Prinzipien der Lerntheorie zum Training einzusetzen, stehen verschiedene andere Trainingskonzepte entgegen. Viele Trainer haben – oft ohne lerntheoretischen Hintergrund – Methoden entwickelt, die mehr oder weniger gut funktionieren. Setzt man jedoch die Erkenntnisse der Lerntheorie ein, so braucht man keine bestimmten »Methoden« oder Tricks. Die Lerngesetze machen es uns einfach, auf ganz unterschiedliche Weise Verhalten zu beeinflussen und in unserem Sinne zu steuern. Umfangreiche wissenschaftliche Forschungen ermöglichen es uns, Trainingsstrategien zu verwenden, die nachgewiesenermaßen sehr effektiv sind. Damit stützen wir uns sozusagen auf jahrhundertealte Forschung.

Eine gute Kenntnis der Lerntheorie trägt in großem Maß zum Tierschutz im Pferdetraining bei. Denn viel zu oft werden hier noch Trainingsmethoden verwendet, die lerntheoretisch sehr fragwürdig und mit Sicherheit auch tierschutzrelevant sind.

»Gewalt beginnt dort, wo Wissen endet.« Kennt man sich in den Prinzipien der Lerntheorie aus, ist Gewalt nicht nötig. Eine Studie, die 2006 durchgeführt wurde, zeigte, dass z.B. nur knapp 3 % der professionellen Pferdetrainer (!) positive Verstärkung richtig beschreiben konnten und lediglich 12 % die negative Verstärkung (Warren-Smith, McGreevy). Das ist etwas erschreckend, denn Profi-Trainer sind die Wissensverteiler für all die privaten Pferdehalter. Mit diesem Büchlein möchte ich zum Wohle der Pferde dazu beitragen, diese Wissenslücke zu schließen.

2

Die Welt aus Sicht des Pferdes

2. Die Welt aus Sicht des Pferdes

Wenn man sich mit einem Pferd befassen oder gar eines ausbilden will, spielt noch mehr als nur die Lerntheorie eine Rolle. Es ist natürlich sinnvoll, so viel wie möglich über sein normales Verhalten zu wissen, denn nur dann sind wir in der Lage, dieses Verhalten auch zu beeinflussen, was ja das Ziel jeder Ausbildung ist.

»Ausbilden« kann man definieren als ein Verhalten, das dazu führt, dass ein anderer etwas davon lernt. Da Pferde – wie jedes andere Lebewesen auch – rund um die Uhr lernen, kann man eigentlich gar nicht mit einem Pferd zusammen sein, ohne es auszubilden. Somit ist jeder, der mit Pferden zusammen ist, auch Ausbilder, und nicht nur diejenigen, die sich ganz bewusst dazu entschieden haben.

Das Verhalten eines Pferdes ist teilweise angeboren, teilweise erlernt. Welche einzelnen Verhaltensweisen angeboren und welche erlernt sind, ist für uns nur von zweitrangiger Bedeutung. Für uns ist nur wichtig, dass wir es ganz grob mit zwei verschiedenen Arten von Verhalten zu tun haben. Mit einem Computer verglichen könnten wir auch beim Pferd von einer Hard- und einer Software reden. Die »Hardware« ist das Verhalten, das dem Pferd sozusagen im Blut liegt. Daran kann man auch nicht viel ändern. Es ist nun mal das, was ein Pferd ausmacht; was schon seit Jahrhunderten für das Überleben der Spezies Pferd wichtig war und tief im Erbgut verankert ist. Dieses Verhalten kann man durch die Ausbildung höchstens insofern beeinflussen, dass man es in bestimmte Bahnen lenkt.

Auf der anderen Seite haben wir die »Software«. Das ist das erlernte Verhalten, das das Pferd zeigt, weil es sich für es gelohnt hat. Ein solches Verhalten kann das Pferd unter bestimmten Umständen auch wieder verlernen. Es ist sehr leicht veränderbar und an diesem Verhalten können wir in erster Linie arbeiten.

Zunächst betrachten wir die Hardware, fragen uns also, was ein Pferd ausmacht und wodurch sein Verhalten gekennzeichnet ist.

Jedes Zusammensein mit dem Pferd ist Training.

Ein Fohlen kommt mit einem angeborenen Verhaltensrepertoire auf die Welt. Das ist das, was ein Pferd ausmacht.

Das Normalverhalten des Pferdes

Pferde sind Fluchttiere. Allein diese Tatsache sagt schon einiges über ihr Verhalten aus und ist es wert, dass wir uns etwas genauer damit befassen. Unser heutiges Pferd hat sich vor ungefähr 65 Millionen Jahren aus dem Urpferdchen entwickelt, einem fuchsgroßen, grasfressenden Steppenbewohner. Diese kleinen Tierchen waren für viele Fleischfresser Beute. Auch im Laufe der Entwicklung blieb das Pferd Beutetier. Um dennoch zu überleben, entwickelte es bestimmte Verhaltensweisen. Die wichtigste Verteidigung

für das Pferd war und ist die Flucht. Pferde sind darauf spezialisiert, bei Gefahr zunächst wegzulaufen und erst aus sicherer Entfernung zu schauen, was die Ursache für die Flucht war. Diese Reaktion war für die Pferde über viele Jahrhunderte lebensnotwendig, so dass sie fest im Erbgut verankert ist. Auch wenn es in unserer heutigen Welt manchmal eher gefährlich sein kann, wenn das Pferd in einer bestimmten Situation erst einmal scheut und kopflos davon stürmt, so ist dieses Verhalten für das Pferd doch ganz normal. Es stellt sich also nicht an und ist auch nicht widersetzlich, sondern reagiert ganz normal in einer – aus seiner Sicht – gefährlichen Situation.

Eine weitere sehr wichtige Überlebensstrategie für die Pferde war und ist das Zusammenleben in Gruppen. Mehrere Augenpaare sehen mehr als

Pferde sind Fluchttiere. Das müssen wir im Training berücksichtigen.

In der Wildnis ist auf dem Pferderücken nur das Raubtier.

nur eines. Durch das Zusammenleben wird so die Chance des Einzelnen, gefressen zu werden, viel geringer. Diese Tatsache hat es wohl auch möglich gemacht, dass Pferde und Menschen immerhin schon seit über 6000 Jahren zusammenleben. Pferde akzeptieren nämlich durchaus auch andere Tierarten (einschließlich des Menschen) als Begleiter. Am deutlichsten zeigt sich dieses Prinzip noch heute in der Savanne Afrikas, wo riesige Herden Zebras, Verwandte unserer Pferde, zusammen mit anderen Pflanzenfressern leben. Die Zebras erkennen dabei auch die körpersprachlichen Warnsignale der anderen Tierarten, was ihre Überlebenschancen erhöht.

Für das Verständnis des Pferdeverhaltens möchte ich noch einige Dinge gegenüberstellen, in denen Mensch und Pferd grundverschiedene Einstellungen haben:

■ Pferde waren seit jeher Beutetiere. Der Mensch hingegen ist ein Jäger.

■ Pferde wollen normalerweise nichts auf ihrem Rücken haben, denn in der Wildnis ist das nur das Raubtier, das dem Pferd nach dem Leben trachtet. Menschen wollen Pferde reiten.

■ Aus dem gleichen Grund haben Pferde gerne ihren Kopf frei. Der Mensch zieht ihnen Halfter und Trensen an.

■ Pferde dulden nichts Fremdes hinter sich, denn

11

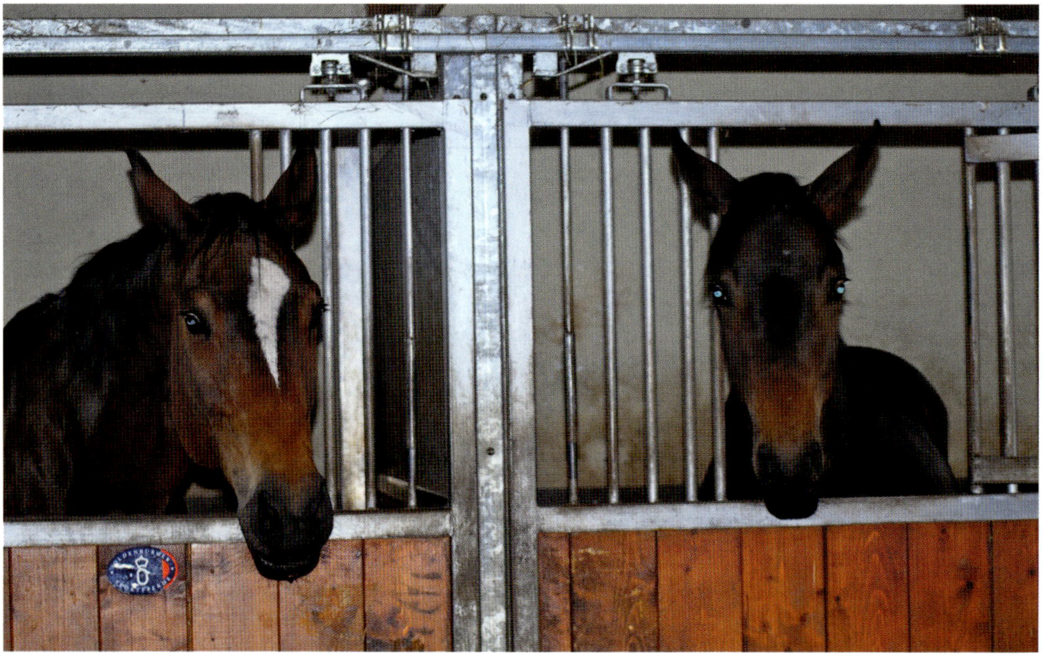

Pferde in Einzelboxen. Was für den Menschen angenehm ist, ist für das Pferd sehr unnatürlich.

diesen Bereich können sie nicht gut genug beobachten, was gefährlich werden könnte. Der Mensch spannt Pferde vor die Kutsche oder führt sie von hinten.

■ Pferde fliehen, wenn sie sich erschrecken. Das dürfen sie im Zusammensein mit dem Menschen nicht.

■ Pferde lassen sich nicht gerne einsperren. Sie brauchen Fluchtmöglichkeiten. Der Mensch sperrt sie in Boxen.

■ Pferde brauchen Gesellschaft. Für den Menschen ist es bequemer, ein Pferd einzeln zu halten.

■ Pferde fressen normalerweise 16 Stunden am Tag. Vom Menschen werden sie aber nur zweimal täglich gefüttert.

■ Pferde gehen eigentlich sehr schonend mit ihren Energien um. Der Mensch möchte in kurzer Zeit eine Menge Leistung haben und verlangt oft Geschwindigkeiten, die das Pferd sonst nur auf der Flucht zeigen würde.

■ Pferde laufen normal bis zu 80 Kilometer täglich. Der Mensch reitet täglich eine Stunde, die andere Zeit steht das Pferd im Stall.

Viele Verhaltensweisen, die wir vielleicht als unnormal bezeichnen würden, weil sie das Zusammenleben mit dem Pferd einfach schwierig machen, zählen eigentlich zum ganz normalen Pferdeverhalten. Dieses Verhalten hat sich auch im Laufe der Domestikation noch kaum verändert. Pferde können z.B. wie kaum eine andere

Im zusammengewachsenen Herdenverband sieht man nur wenig Aggression.

Tierart sehr erfolgreich wieder unter wilden Bedingungen leben, wofür es viele Beispiele gibt. Häufig entstehen aus diesen unterschiedlichen Verhaltensanforderungen von Mensch und Pferd Probleme, die so gravierend erscheinen, dass das Pferd weggegeben oder verkauft wird. Dabei gibt es viele Dinge, die man ohne großen Aufwand im Sinne der Pferde verändern und so das Verhältnis zwischen Mensch und Tier wesentlich vereinfachen und verbessern könnte.

Das »Dominanz«-Konzept

Im vorherigen Kapitel haben wir gesehen, dass es für Pferde aus entwicklungsgeschichtlicher Sicht sehr sinnvoll war, in größeren Gruppen zusammenzuleben. Im Zusammenleben in einer Gruppe kommt es aber auch immer wieder zu Konflikten, nicht zuletzt weil diejenigen, die dieselben Ressourcen benötigen, in unmittelbarer Nähe leben. Konflikte müssen jedoch möglichst vermieden werden, denn jede Verletzung kann tödlich sein, nicht nur durch die Wunde an sich, sondern eben, weil ein verletztes Pferd eine leichte Beute darstellt. Und ein Augenpaar weniger erhöht wieder die Gefahr der anderen Gruppenmitglieder, gefressen zu werden. Daher sieht man auch in wild lebenden Pferdeherden nur sehr selten ernsthafte Aggressionen. Das Verhalten der Pferde ist vielmehr geprägt durch ein Zusammengehörigkeitsgefühl und Freundschaft. Jeder respektiert den anderen.

Freundschaften spielen unter Pferden eine große Rolle.

Pferde leben oft in Familiengruppen mit matriarchalischer Struktur zusammen. Es bestehen sehr feste Beziehungen zwischen einer Leitstute und ihren Nachkommen. Solche Gruppen halten auch ohne Hengst zusammen. Das Bild, das viele Menschen vom Hengst als absolutem Herrscher über seinen »Harem« haben, stimmt so nicht. In wilden Pferdegruppen ist der Hengst selten der Dominanteste oder der Aggressivste. Nur wenn es um seine Ressource, die Stuten, geht, wird er eventuell aktiv. Sonst hat er wenig »mitzureden«. Die Vorstellung von Hengsten als angriffslustig und dominant entsteht hauptsächlich durch die unnatürlichen Haltungsbedingungen, unter denen gerade Hengste häufig zu leiden haben. Bei unseren Hauspferden ist es mit der Aggression etwas anders bestellt, weil oft Ressourcen wie Futter oder Wasser sehr beschränkt sind. Außerdem wechseln einzelne Mitglieder in Gruppen häufig, so dass sich selten über längere Zeit feste Beziehungen bilden können. So kann es unter Hauspferden immer wieder zu Konflikten kommen, wenn sich die Gruppenstrukturen ändern oder schlichtweg nicht genügend Raum zum Ausweichen besteht.

Man kann die Beziehungen der Pferde untereinander als Dominanzsystem verstehen. Heute spricht man in der Ethologie (Verhaltensforschung) aber eher von einem »Meidesystem«. Das bedeutet, dass nicht Dominanz oder Aggression vorgeben, wer das Sagen hat, sondern die anderen Gruppenmitglieder, die ein Individuum als Anführer anerkennen, legen die Machtverhältnisse fest.

Die englische Ethologin Debby Goodwin erklärt sehr schön eine andere Möglichkeit, wie man ein Zusammenleben zwischen Mensch und Pferd beschreiben kann, das nicht auf dem Dominanzprinzip beruht. In einer Pferdeherde können meist alle Stuten Nachkommen zeugen. Es kommt nicht auf die Rangordnung an. Auch Futter und Wasser ist eigentlich genug vorhanden, so dass auch bei diesen Ressourcen die Rangordnung keine Rolle spielt. Gras wächst überall. Es ist nicht wie in einem Wolfsrudel, wo nicht sicher ist, wann das nächste Beutetier erlegt wird.

Insgesamt spielt die Dominanz im Zusammenleben der Pferde also eine sehr untergeordnete Rolle. Entsprechend wenige Unterwürfigkeitsgesten gibt es im Pferdeverhalten im Vergleich beispielsweise zu Hunden. Pferde gehen oft einfach weg, anstatt Konflikte auszutragen. Auch das passt wieder zum Prinzip des »Meidesystems«.

Eine weitere wichtige Charakteristik im Zusammenleben von Pferden ist das im Englischen sogenannte »pair-bonding«: Zwei Individuen schließen sich zusammen. Sie grasen gemeinsam oder kraulen sich gegenseitig das Fell. Diese beiden können auf ganz unterschiedlichen Stufen der Rangfolge stehen, es kann also durchaus der Ranghöchste mit dem Rangniedrigsten eine solche Zweierbeziehung aufbauen. Unsere Hauspferde können solche Bindungen auch mit anderen Tieren wie z.B. Ziegen oder auch mit dem Menschen eingehen. Diese Form des Zusammenlebens ist sicherlich für alle viel erstrebenswerter als eine Meidestruktur. Wenn der Mensch immer wieder herauskehren muss, wie dominant

Pferde spielen gerne.

er ist, ist es nicht verwunderlich, wenn er gemieden wird (und dann sehen muss, mit welchen Tricks er sein Pferd von der Weide wieder einfangen kann).

Auch das Spielen ist ein wichtiges Element im Sozialverhalten von Pferden. 75 % ihrer Bewegungen verbringen Fohlen im Spiel. Das Spiel ist in der Entwicklung eines Pferdes von großer Bedeutung und spielt auch bei erwachsenen Pferden noch stark eine Rolle. Man kann also die

Training als Spiel zwischen Mensch und Pferd.

Ausbildung eines Pferdes auch als ein Lernen von Spielregeln ansehen. Mensch und Pferd sind dabei Partner in einem Spiel zwischen zwei Arten.

Nach dem heutigen Kenntnisstand weiß man, dass Zweierbeziehungen, Spiel und soziales Verhalten im Zusammenleben von Pferden eine größere Rolle spielen als Dominanz und Wettstreit. Für die Pferd-Mensch-Beziehung bedeutet das, dass man dem Pferd nicht unbedingt mit Gewalt zeigen muss, wer der Herr im Haus ist. Durch die große Liebe zur Geselligkeit, die das Pferd mit seiner »Hardware« mitbringt, hat man gute Chancen, ein Pferd zum Freund zu haben, auch wenn man nicht dominant ist.

Pferdetraining – Kommunikationstraining

Im Zusammenleben der Pferde mit den Menschen hat sich über viele Generationen eine bestimmte Tradition entwickelt. Die Pferde wurden zu unterschiedlichen Aufgaben benutzt. Dementsprechend wichtig war und ist es, dass die Tiere gehorchen. Ein widerspenstiges Pferd konnte man nicht zur Arbeit gebrauchen. Außerdem kann das für einen Menschen auch

Pferdetraining ist Kommunikationstraining.

sehr gefährlich sein. Schließlich sind Pferde große und kraftvolle Tiere, und wenn man eine solche Kraft nicht kontrollieren kann, können viele gefährliche Situationen entstehen.

Durch immer mehr Wissen über das normale Verhalten der Pferde und auch über das Lernverhalten beginnt diese alte Tradition sich ganz allmählich zu verändern. Es wird mehr und mehr erkannt, dass die Ausbildung eines Pferdes eigentlich ein Kommunikationstraining ist. Es treffen sich zwei unterschiedliche Spezies, die lernen müssen, sich gegenseitig zu verstehen, um das Verhalten des anderen zu beeinflussen.

Pferde sind darin oft sehr gut, wie ich an den nächsten Beispielen zeigen werde. Aber auch die Menschen lernen mehr und mehr, sich auf eine Kommunikation einzulassen und ihr verhältnismäßig größeres Gehirn zu ihrem Vorteil zu nutzen.

Mit Kommunikation meine ich jetzt nicht die Praktiken der sogenannten Pferdeflüsterer. Diese basieren oft stark auf dem Dominanzprinzip und sind meist alles andere als gewaltfrei, wenn man genauer hinsieht. Für die meisten Pferdehalter, die noch kein ausgeprägtes Gefühl für ein gutes Timing haben, d.h. die oft viel zu spät reagieren,

Ein unbeabsichtigtes Verstärken führte zu diesem Verhalten.

sind solche Methoden wenig geeignet. Sie mögen zwar schnelle Ergebnisse vortäuschen, allerdings sind diese ohne eine gute Schulung der Besitzer meist nicht von Dauer. Und wenn damit geprahlt wird, ein junges, noch rohes Pferd innerhalb einer halben Stunde an Sattel und Reiter zu gewöhnen, ist das nicht bewundernswert, sondern eher eine Überrumpelung und – was den Tierschutz angeht – sehr bedenklich. Die Probleme stellen sich dann später ein. Pferdeausbildung funktioniert einfach nicht auf Knopfdruck, sondern braucht ihre Zeit. Nicht zuletzt muss das Pferd auch erst die nötigen Muskeln entwickeln, um einen Reiter tragen zu können. Dieser Muskelaufbau geht nicht in einer halben Stunde

vonstatten, was jeder, der eine Sportart trainiert, an sich selbst merken kann. Außerdem müssen wir uns immer wieder klar machen, dass Pferde Pferde sind. Von den über 60 Millionen Jahren, in denen sie sich entwickelt haben, greift der Mensch seit gerade 6000 Jahren in ihr Leben ein. Wir haben es also noch kaum geschafft, sie in ihrem Verhalten großartig zu verändern.

Die häufigsten Missverständnisse

Sehen wir uns im Folgenden einmal einige typische Situationen im Umgang mit Pferden an, die eigentlich auf Missverständnissen in der Kommunikation beruhen.

Samson hat gelernt, sich in der Box unfreundlich aufzuführen.

»Vorsicht, ich beiße«, hängt ein großes Schild an der Boxentür der braunen Warmblutstute Jenny. Nachmittags, wenn Kinderreitstunden sind, bleibt die obere Boxenhälfte meistens geschlossen, weil die Kinder nicht immer aufpassen und dann das Gejammer groß ist, wenn Jenny mal wieder zupackt. Dabei ist die braune Stute nicht wirklich bösartig. Ursprünglich war ihr einfach nur langweilig. Ein Pferd wie sie möchte raus, möchte beschäftigt werden, und das nicht nur alle zwei Tage für eine Stunde. Glücklicherweise konnte sie anfangs durch die geöffnete obere Boxenhälfte wenigstens an dem regen Treiben auf der Stallgasse teilnehmen. Jenny war kein Schulpferd und die meisten Kinder und Jugend-

lichen, die auf den Hof kamen, hatten andere Lieblinge. Oft ging daher jemand mit Möhren oder altem Brot vollbeladen an Jennys Tür vorbei, ohne sie zu beachten. Die achtjährige Lisa war auch eine derjenigen, die zuhause altes Brot sammelte und regelmäßig in einem Pappkarton mitbrachte. Als sie damit wieder einmal an Jennys Box vorbeiging und diese zu gerne auch etwas abbekommen wollte, schnappte sie nach der Kiste. Dummerweise erwischte sie Lisas Arm. Die schrie erschrocken auf und ließ die Kiste fallen. Jenny konnte sich nach Herzenslust bedienen. Lisa stand daneben und weinte, weil dieses große braune Pferd einfach die Köstlichkeiten für ihr Pony verspeiste. Schnell eilten andere Menschen herbei, um zu sehen, was geschehen war. Inzwischen hatte Jenny aber schon einiges gefressen und beobachtete genüsslich kauend das Treiben vor ihrer Boxentür. Was da alles los war! Zwar schienen einige der Menschen nicht sehr erfreut zu sein, aber endlich tat sich mal was, was eine schöne Abwechslung in ihren trüben Alltag brachte. Das hat sich Jenny gemerkt. Sie versuchte nun öfter zu beißen in der Hoffnung, so etwas Schönes noch einmal zu erleben. So ein Glück hatte sie zwar nie wieder, doch sie erreichte immer, dass sich die Menschen entweder schnell bewegten oder stehen blieben, um mit ihr zu schimpfen. Manchmal schlugen sie auch nach ihr. Meist waren sie aber nicht schnell genug und Jenny schaffte es rechtzeitig, den Kopf wegzuziehen. Ein schönes Spiel. Wenn sie nicht schnell genug war, konnte es auch schon mal weh tun. Aber was soll's: besser als diese elende Langeweile.

Drei Boxen weiter steht Samson, ein Schimmel-Wallach, der nett zu reiten ist. Nur beim Füttern in der Box stellt er sich immer wieder an. Das fing

Percy klopft an die Boxentür, weil er gelernt hat, dass er dann schnell Futter bekommt.

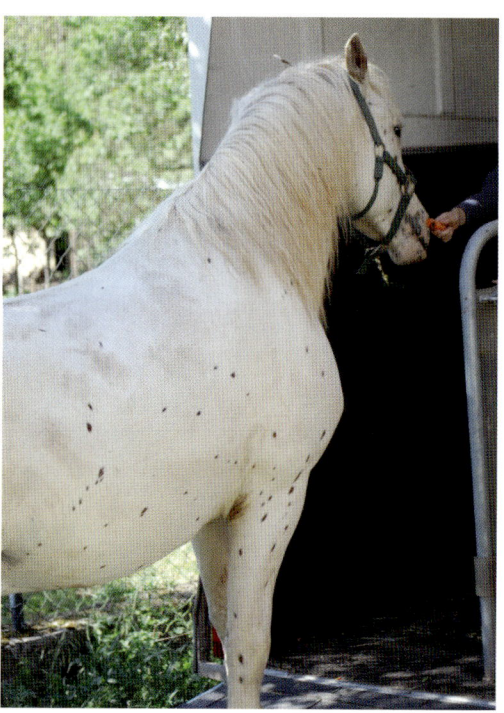

Wird die Möhre vorgehalten, wenn das Pferd schon stehen geblieben ist, kommt es zu Missverständnissen.

damit an, dass ein großer Mann eilig in seine Box hineinkam und er sich richtig erschrak. Da er nicht weglaufen konnte, sprang er zur Verteidigung bereit in eine Ecke, legte die Ohren an und war bereit auszukeilen. Der Mann fühlte sich dadurch bedroht, ging seinerseits sehr vorsichtig und abwehrbereit zum Futtertrog und schüttete das Futter hinein. Schnell verließ er die Box. Samson war erleichtert und widmete sich seinem Futter. Die nächsten Tage kam der Mann mit einer Gerte bewaffnet zum Füttern. Er brüllte Samson schon von draußen an und von Zeit zu Zeit klatschte die Gerte auch auf des

Schimmels Kruppe, was seine Angst natürlich noch mehr steigerte. Jeden Morgen, wenn die Futtereimer rappelten, bekam Samson schon Angst. Irgendwann ging dieser Mann weg. Es wurden neue Pferdepfleger eingestellt. Auch die hatten Angst, wenn sie Samson füttern sollten. Sie merkten aber schnell, dass er eigentlich nichts machte, schlüpften also schnell in die Box rein, eilten zum Futtertrog und huschten wieder hinaus. Allmählich wich Samsons Angst einer Sicherheit: Er brauchte nur böse genug zu tun und bekam dafür auch noch ganz schnell sein Futter.

Um schnell ans Futter zu kommen hat Percy, der Vollblut-Wallach, eine andere Strategie entwickelt. Er hat gelernt, dass er nur an die Boxentür schlagen muss, wenn er die Eimer rappeln hört. Damit er ruhig ist, bekommt er meist zuerst sein Futter. Percy denkt, dass das An-die-Tür-Schlagen sehr lohnend ist, denn dann gibt es Futter. Manchmal »schimpft« auch jemand mit ihm, zumindest aus Sicht der Menschen. Aus seiner Sicht kümmerte sich dann endlich mal jemand um ihn.

Bonny ist eine Connemara-Stute. Sie hat eine sehr nette Besitzerin, die überhaupt nichts davon hält, ein Pferd zu prügeln. Wenn sie Bonny verladen will, bewaffnet sie sich mit Leckerchen. Sobald die Stute vor dem Hänger stehen bleibt, hält sie ihr ein Stück Brot oder eine Möhre vor die Nase. Bonny hat gelernt, dass es sich lohnt, vor dem Hänger stehen zu bleiben, denn dann gibt es lauter gute Sachen. Es lohnt sich auch, z.B. im Gelände Angst zu haben, denn dann wird man gestreichelt und manchmal sogar nach Hause geführt. Wenn Bonny beim Putzen herumhampelt und nicht stehen bleibt, redet ihre Besitzerin beruhigend auf sie ein: »Ist ja gut, es passiert dir ja nichts!« Bonny gefällt dieses freundliche Reden. Da es hauptsächlich kommt, wenn sie hampelt, tut sie ihrer Besitzerin den Gefallen.

Wer kennt sie nicht, Pferde wie Jenny, Samson, Percy oder Bonny? Und eigentlich handelt es sich in all den Fällen um Missverständnisse in der Kommunikation zwischen Pferd und Mensch. Unser Ziel muss es also sein, möglichst klar mit dem Pferd zu kommunizieren. Manchmal hilft es, sich das Pferd wie einen Menschen vorzustellen, der kein Deutsch versteht. Aber Pferde verstehen nicht nur unsere Worte nicht, sondern auch viele

Auch wilde Tiere lassen sich zuverlässig trainieren.

unserer Gesten sind für sie zunächst völlig unbekannt.

Die Pferdeflüsterer versuchen, sich sozusagen auf »Pferdesprache« mit ihnen zu verständigen. Diese Herangehensweise finde ich sehr bedenklich. Wir sind keine Pferde. Die meisten Menschen sind in ihrem Reaktionsvermögen viel zu langsam und nehmen auch einen Großteil der Signale gar nicht wahr, die Pferde senden. Außerdem haben Pferde untereinander Umgangsformen, die für einen Menschen nicht sehr angenehm sind, so dass es teilweise sehr gefährlich sein kann, sich mit dem Pferd auf eine Stufe zu stellen.

Aber es ist auch gar nicht notwendig, »Pferdesprache« zu sprechen. Tiertrainer bekommen viel gefährlichere Tierarten dazu, zu tun, was von ihnen verlangt wird. So lernen in Zoos oder Aquarien Raubtiere wie Großkatzen oder Orcas, sich freiwillig Blut abnehmen oder die Zähne behandeln zu lassen. Mir ist in meinen Praxisjahren noch kein Hund oder keine Katze begegnet, die das gemacht haben, obwohl man eigentlich glaubt, sie seien dazu viel eher in der Lage als ein Tiger oder ein Wal. Man müsste doch meinen, dass unsere Haustiere, einschließlich der Pferde, sehr viel mehr Vertrauen zu uns haben als Wildtiere. Warum lassen aber diese Wildtiere – im Gegensatz zu den Pferden – solche Sachen mit sich machen? Warum kommen diese »wilden« Tiere, wenn man sie ruft, aber Pferden muss auf der Weide nachgelaufen werden? Weil sie es so gelernt haben. Weil sie Trainer haben, die wissen, wie Lernen funktioniert und die dieses Wissen gezielt zu ihrem Vorteil und damit letztendlich auch zum Wohl der Tiere anwenden.

Ein großer Vorteil dieser modernen Form der Ausbildung, die auf Verständigung statt Gewalt beruht, ist der, dass wirklich so gut wie jeder sie erlernen und anwenden kann. Man muss kein außergewöhnlich gutes Feeling für Pferde haben, man muss nicht besonders mutig sein, um sich mit diesen großen Tieren zu befassen, man muss nur von Grund auf das nötige Handwerkszeug lernen.

Ich vergleiche das immer mit Klavierspielen. Man muss kein Mozart sein, um gut Klavier spielen zu können, man muss es eben nur fleißig lernen und sich immer wieder darin üben, wenn man andere mal mit seinem Können beeindrucken will.

Sehen wir uns also das Handwerkszeug an, das für eine verständnisvolle Ausbildung der Pferde wichtig ist.

3

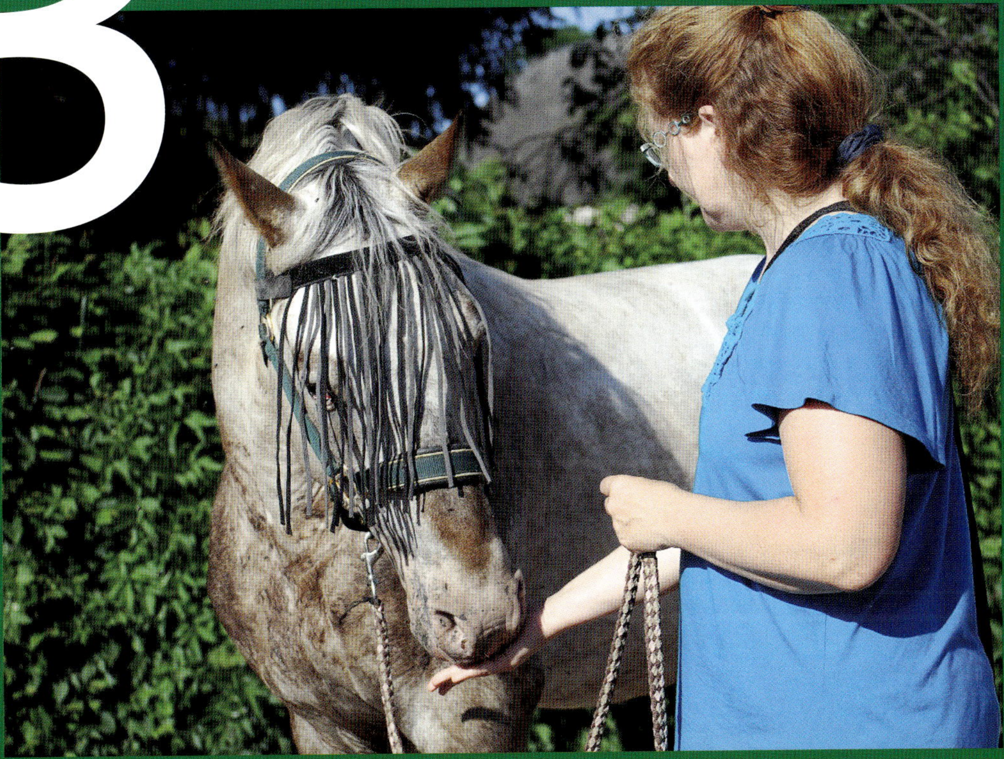

Lerngesetze –
Wie Lernen funktioniert

3. Lerngesetze – Wie Lernen funktioniert

Das Lernen folgt gewissen Gesetzmäßigkeiten. Genauso wie die Schwerkraft (wenigstens hier bei uns auf der Erde) dafür sorgt, dass Gegenstände nach unten fallen, so bestimmen die Lerngesetze den Ablauf des Lernens.

Das Gesetz der Wirkung

Die wohl wichtigsten Gesetze im Zusammenhang mit dem Lernen sind folgende:

1. Ein Verhalten, das sich lohnt, wird künftig häufiger gezeigt,

und

2. Ein Verhalten, das sich nicht lohnt, wird weniger häufig gezeigt werden.

Es war Edward Lee Thorndike, der das in seinem Gesetz der Wirkung das erste Mal beschrieben hat. Nach diesen Gesetzen verhält sich eigentlich jedes Lebewesen. Für die Ausbildung bedeutet das, dass ein Verhalten, das ich dem Pferd beibringen will, in irgendeiner Weise lohnend sein muss, sonst wird es das Verhalten nicht vermehrt zeigen, also nicht lernen. Vielleicht denken Sie jetzt: Ich kenne aber viele Pferde, die bestimmte Dinge gelernt haben, ohne dass sie dafür belohnt wurden. Sehen wir uns einige Beispiele an. Da haben wir wieder Jenny, unsere braune Warmblutstute, die so gut gelernt hat, an der Box vorbeigehende Leute zu beißen. Auch dieses Verhalten hat sich – wie schon beschrieben – gelohnt, ohne dass die Menschen das beabsichtigt hätten. Sehen wir uns aber ihre Ausbildung an. Jenny gehört einem Besitzer, der gerne auf Springturniere geht. Mindestens jeden zweiten Tag trainiert er. Meist reitet er Jenny eine halbe Stunde warm und übt dann noch einige Sprünge.

Jennys Besitzer belohnt Pferde nicht. Pferde haben zu gehorchen! Jenny wird mit Gerte und Sporen geritten. Das Martingal verhindert, dass sie den Kopf zu hoch nimmt. Trotz alledem hat Jenny gut Springen gelernt. Sie ist oft erfolgreich auf den Turnieren. Ist das nicht ein Widerspruch zu dem oben gesagten? Nein. Wird Jenny auf ein Hindernis zugeritten, das sie eigentlich so lieber nicht springen würde, legt der Besitzer die Beine

Auch unter Zwang lohnt es sich für das Pferd zu springen, denn dann lässt der Druck nach.

ben, besinnt sich dann aber meist eines Besseren. Sehr lohnend ist auch, wenn ihr Reiter nach einem Sprung die Zügel lang lässt und sie noch einige Runden im Schritt um die Bahn gehen kann, bevor sie wieder in den Stall kommt.

Die operante Konditionierung

B. F. Skinner hat Thorndikes Ergebnisse, die sich im wesentlich auf das Versuch-und-Irrtum-Verhalten konzentrierten, noch weiter verfeinert. Er bezeichnete das von ihm beobachtete Lernverhalten als »operante Konditionierung«. Das bedeutet, dass Tiere lernen können, wie sie durch Ausführen oder Unterlassen bestimmter Verhaltensweisen ihre Umwelt direkt beeinflussen können und somit das entsprechende Verhalten öfter oder immer seltener zeigen. Er spricht in diesem Zusammenhang von Verstärkern, die bewirken, dass ein Verhalten häufiger auftritt und Strafe, die dafür sorgt, dass ein Verhalten weniger häufig auftritt. Hier kommt es bei der Verwendung der Begriffe auf die Definition an. Bei einer Strafe muss wirklich das nicht erwünschte Verhalten weniger werden, sonst handelt es sich im lerntheoretischen Kontext nicht um eine Strafe, sondern höchstens um einen aversiven – sprich unangenehmen – Reiz.

Verstärker und Strafen können dann noch weiter unterschieden werden, nämlich je nachdem ob etwas zugefügt oder weggenommen wird.

Positive Verstärkung

Bei einem positiven Verstärker wird etwas Angenehmes zugefügt, das Pferd bekommt z.B. ein Leckerchen. Dabei muss man wieder bedenken, dass nicht jedes Leckerchen ein positiver Verstärker für ein bestimmtes Verhalten ist. Das ist es nur, wenn dieses Verhalten daraufhin auch

Das, was sich lohnt, wird das Tier wiederholen.

an. Ab und zu gibt es auch einen Klaps mit der Gerte. Nimmt Jenny den Sprung, lässt dieser Druck nach. Und das ist sehr lohnend, denn Jennys Besitzer kann mit den Beinen ganz schön in die Rippen drücken. Wenn das nicht reicht, bohrt er ihr auch noch die Sporen in die Seite. Um dem zu entgehen, lohnt es sich für Jenny zu springen. Das hat sie schnell gelernt, und nur noch bei sehr schwierigen Kombinationen oder Wendungen vor einem Hindernis überlegt sie, ob es nicht doch besser wäre, davor stehen zu blei-

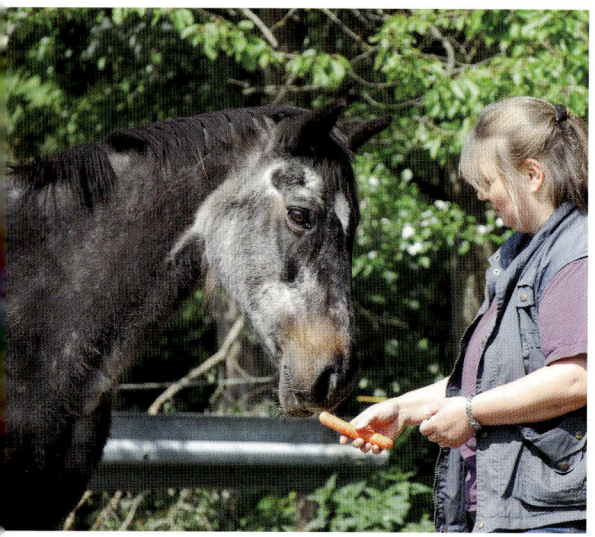

Ein Leckerchen kann ein positiver Verstärker sein.

Die Beine können unangenehmen Druck aufbauen, ...

vermehrt gezeigt wird. Manchmal könnte ein Leckerchen gar eine Strafe sein. Stellen Sie sich vor, Sie bringen Ihr Pferd zu seinen Kumpeln auf die Weide. Sie führen es zum Tor hinein und geben ein Leckerchen für das schöne Stehenbleiben. Das Pferd hat aber nur noch seine Kumpel im Kopf und ist gar nicht mehr bei der Sache. Dann ist das Leckerchen eher lästig. Der viel bessere Verstärker wäre das Laufenlassen.

Dann gibt es auch viele Leute, die ihre Pferde scheinbar belohnen. So bekommt Bonny z.B. immer gute Sachen, wenn sie verladen wird. Auch wenn sie auf einem Ausritt eine Sache gut gemacht hat, bekommt sie meist eine tolle Belohnung, zumindest aus Sicht der Besitzerin. Dass Bonny das nicht immer ganz so empfindet und das eigentlich gewünschte Verhalten doch nicht häufiger zeigt, werden wir uns weiter unten ansehen.

Negative Verstärkung

Bei einem negativen Verstärker wird etwas entfernt, damit das Verhalten häufiger wird. Unsere Pferde werden überwiegend noch so ausgebildet, dass ein Druck aufgebaut wird, z.B. über Zügel oder Beine, und das Pferd diesem Druck ausweichen soll. Daraufhin lässt der Druck nach. Die Erleichterung, die das für das Pferd bedeutet, ist eine Belohnung. Das Pferd versteht, dass es durch ein bestimmtes Verhalten Druck entfernen kann. Es wird das verlangte Verhalten häufiger zeigen, sprich lernen. Der Druck kann dann, wenn es sich um eine gute Ausbildung handelt, mehr und mehr abgebaut werden, so dass man ihn schließlich bei einem gut ausgebildeten Pferd von außen gar nicht mehr wahrnimmt. Aber das Pferd hat ja zu genüge gelernt, dass der Druck schnell wieder da ist, wenn es etwas vergessen sollte.

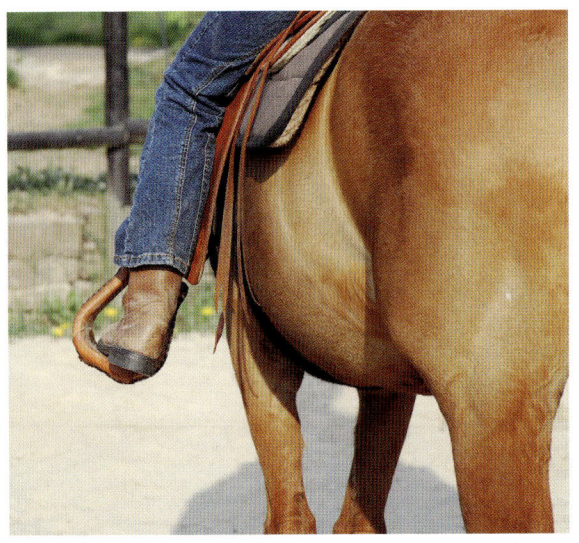

... der beim erwünschten Verhalten als Belohnung nachgelassen wird.

Eine Jagd im Round Pen ist absolut nicht harmlos.

Sehen wir uns auch die »Pferdeflüsterer« einmal an. Da wird ein Pferd im Round Pen, im Prinzip einem eingezäunten Zirkel, im Kreis gejagt. Für das Pferd als Fluchttier bedeutet eine solche »Jagd«, bei der es den »Feind« nicht abschütteln kann, einen ungeheuren Stress. Irgendwann bricht nun dieser »Feind« die Jagd ab, er wird unbedrohlich und geht vielleicht einige Schritte rückwärts. Zum normalen Verhalten des Pferdes gehört es, dass es sich aus sicherer Entfernung die Bedrohung erst einmal ansehen, also stehen bleiben und sich dem Menschen zuwenden wird. Die Erleichterung, dass die Jagd vorbei ist, ist eine so große Belohnung, dass sich das Pferd diesem Menschen dann wahrscheinlich nähern wird. Je mehr das Pferd vorher bedroht wurde, desto höher wird die Erleichterung sein. Auch da

haben wir also eine Belohnung, die man vielleicht auf den ersten Blick gar nicht sehen mag. Das Problematische an dieser Art des Trainings ist, dass man das Pferd erst in eine Situation bringen muss, in der es sich nicht wohl fühlt. Tut es dann, was gewünscht ist, entspannt sich die Situation. Da diese Art der Verstärkung als Voraussetzung hat, dass es dem Pferd zunächst »nicht gut geht«, hat sie einige potenzielle Nebenwirkungen. Es können Angst und Unsicherheit und damit Stress provoziert werden, der dazu führt, dass das Pferd gar nicht richtig lernen kann (siehe S. 40). Um diese Art des Trainings erfolgreich anzuwenden, ist es also wichtig, den Stresslevel des Pferdes immer im Auge zu haben und vor allem so kleine Trainingsschritte zu gestalten, dass das Pferd immer recht schnell Erfolg hat. Diesen Erfolg speichert das Pferd als

positiv ab und braucht nicht zusätzlich belohnt zu werden.

Positive Strafe

Bei einer *positiven Strafe* wird etwas Unangenehmes zugefügt. So bekommt das Pferd z.B. einen Schlag mit der Gerte. Wir haben oben schon besprochen, dass es sich nur dann wirklich um eine Strafe aus lerntheoretischer Sicht handelt, wenn das unerwünschte Verhalten auf Dauer weniger wird. Eine gut angewandte Strafe muss zwei oder drei Mal wiederholt werden, dann wird das Pferd das unerwünschte Verhalten nicht mehr zeigen. Muss also öfter gestraft werden, stimmt etwas nicht.

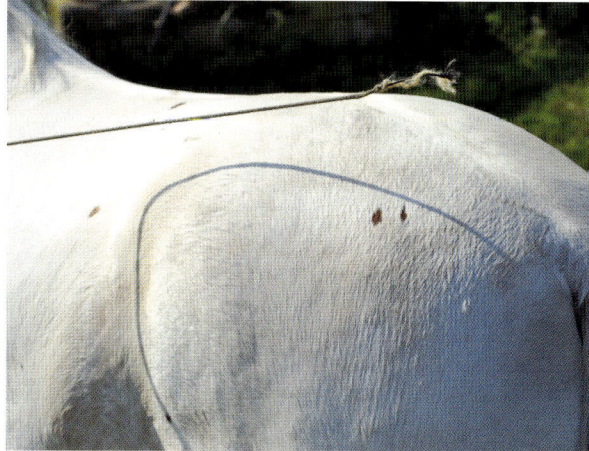

Eine positive (= zugefügte) Strafe

Damit eine Strafe gut wirkt, müssen bestimmte Kriterien erfüllt sein:

■ Das Timing muss stimmen. Das Pferd kann nur Dinge verknüpfen, die nahezu gleichzeitig passieren.
■ Die Strafe muss stark genug sein, damit das unerwünschte Verhalten unterbrochen wird.
■ Das unerwünschte Verhalten muss jedes Mal bestraft werden, wenn es auftritt.
■ Alle Verstärker sollten abgestellt werden, damit die Strafe wirkt.
■ Eine Strafe hat potenzielle Nebenwirkungen.

Es gibt mittlerweile viele Untersuchungen, die zeigen, dass Lernen sehr viel besser funktioniert, wenn etwas Angenehmes erwartet wird. Das – denke ich – wird auch jeder an sich selbst feststellen. Wenn man etwas machen *muss*, macht man es längst nicht so gerne, als wenn man es machen *darf* und am Ende ein schönes Ergebnis auf einen wartet. Das gilt auch für Pferde. Warum ist nun aber Jenny, die über Druck ausgebildet wird, im Großen und Ganzen viel erfolgrei-

cher als Bonny, die über Belohnung ausgebildet wird?

Timing

Da kommen wir zu einem nächsten Lerngesetz: Bestimmte Zusammenhänge können nur gelernt – in Fachkreisen spricht man von *verknüpft* – werden, wenn sie auch zeitgleich passieren.

Das hat etwas mit dem Aufbau und den Verschaltungen im Gehirn zu tun. Nur wenn zwei verschiedene Bereiche über viele Male zeitgleich aktiv sind, kann das Gehirn registrieren, dass beide Sachverhalte zusammen gehören. So hat Percy über viele Wiederholungen verknüpft, dass es immer Futter gibt, wenn er an die Tür klopft. Bonny hat verknüpft, dass sie beim Verladen immer dann die guten Sachen vorgehalten bekommt, wenn sie stehen bleibt.
Damit ein Pferd eine bestimmte Aufgabe lernen kann, ist das Timing von immenser Bedeutung.

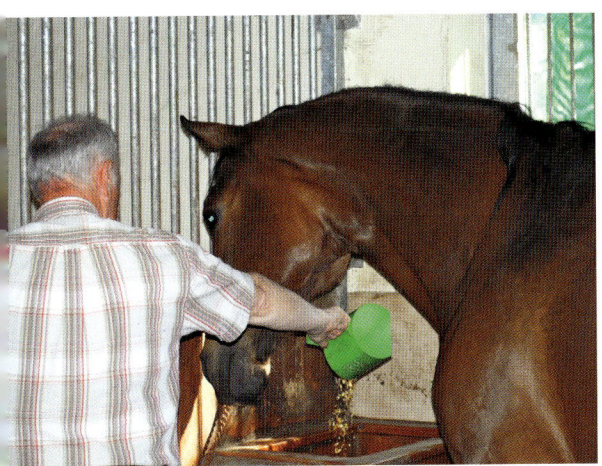

Eine Mahlzeit nach getaner Arbeit kann keine positive Verstärkung für die erbrachte Leistung sein. Dafür ist zu viel Zeit vergangen.

Wir müssen dafür sorgen, dass die Dinge, von denen wir wollen, dass das Pferd sie verknüpft, auch zeitgleich passieren! Bonny müsste also genau dann die Belohnung bekommen, wenn sie einen Vorwärtsschritt macht und nicht gerade dann, wenn sie stehen bleibt. Nun überlegen Sie sich, wie lange das Pferd für einen Schritt braucht. Es sind wohl nur Bruchteile einer Sekunde. Und in dieser Zeit muss die Belohnung kommen – gar nicht so einfach!

Das ist auch der Grund, weshalb ich weiter oben sagte, Bonny bekommt meist eine tolle Belohnung, wenn sie auf einem Ausritt eine Sache gut gemacht hat, zumindest aus Sicht der Besitzerin. Bonnys Reiterin redet fast die ganze Zeit über mit ihrem Pferd. Außer den Worten ändert sich im Tonfall nicht viel an ihrer Sprache, egal was das Pferd macht. Geht Bonny nun z.B. schön furchtlos an einem Fahrzeug vorbei, wo sie eben auch oft scheut, wird sie danach angehalten, ihre Besitzerin nimmt sich eine Möhre aus

der Tasche und gibt sie dem Pferd. Wofür die Möhre letztendlich ist, ist Bonny jedoch nicht klar. Aus ihrer Sicht bekommt sie häufig eine Belohnung, wenn sie anhält. Entsprechend oft zeigt sie dieses Verhalten und gilt deshalb als ziemlich faul. Dabei hat sie das durch die schlecht getimten Belohnungen ihrer Besitzerin so gelernt. Wenn sie vor etwas Angst hat und stehen bleibt, passiert es auch oft, dass ihre Besitzerin absteigt und sie nach Hause führt, wo dann ein gefüllter Futtertrog auf sie wartet. Auch in dieser Situation hat sich also das Verhalten »Stehenbleiben« für Bonny gelohnt. Auf den letzten Metern nach Hause ist Bonny auch nicht mehr faul, denn dann lohnt es sich ja, sich zu beeilen. Um so schneller kommt man ans Futter!

Sicher erahnen Sie langsam, wie sehr die Pferde in diesen Lerngesetzen verstrickt sind. Für uns lohnt es sich, diese zu kennen, denn dann kann man die Kommunikation zwischen Mensch und Pferd verbessern und dem Pferd in viel kürzerer Zeit bestimmte Dinge beibringen.

Zusammenfassend lässt sich sagen, dass bei der operanten Konditionierung (auch instrumentelle Konditionierung genannt) die *Folgen* eines Verhaltens bestimmen, ob es vom Pferd wieder gezeigt wird oder nicht. Das ist wichtig zu verstehen. Es sind nicht das Signal oder die Hilfe oder was immer dem Verhalten voraus geht, die das Verhalten bewirken, sondern die Konsequenz.

A → B → C

Im englischen Sprachraum spricht man vom ABC des Trainings. A steht für »antecedent«. Das ist alles, was einem Verhalten voraus geht, vom Ort über die Signale usw. B ist das eigentliche

Es kommt auf die Konsequenzen an, ob ein Verhalten gezeigt wird oder nicht.

Verhalten, C die Konsequenz. In der Regel sind die Menschen zu sehr auf das A fokussiert. Was muss ich sagen, damit das Pferd es macht? Welche Hilfe muss ich geben? Aber damit das Pferd ein Verhalten lernt und künftig immer wieder zeigt, ist die Konsequenz das Entscheidende.

Ein schönes Beispiel sind Sportler. Nehmen wir die Formel-1-Fahrer. Warum fahren sie Rennen? Vielleicht weil es Spaß macht, weil sie damit ihr Geld verdienen, weil sie Erfolg haben wollen usw. Aber sie fahren nicht, weil die Startflagge gesenkt wird. Das ist nur der Auslöser, wann sie ihr Verhalten zeigen können.
Dasselbe gilt auch für Pferde. Wenn wir ihnen ein Verhalten beibringen wollen, müssen wir für entsprechende Konsequenzen sorgen.

Die klassische Konditionierung

Die klassische Konditionierung ist eine Form des Lernens, die der russische Nobelpreisträger Iwan Pawlow entdeckt hat. In seinem berühmten Versuch sammelte er Speichel von Hunden für ein anderes Forschungsprojekt. Speichel kann man sammeln, indem man Futter gibt, denn dann läuft den Hunden »das Wasser im Mund zusammen«. Irgendwann fingen die Hunde jedoch schon an zu speicheln, als der Versuchsassistent durch das Zimmer ging und nicht mehr erst, als sie Futter bekamen. Glücklicherweise erkannte Pawlow die Bedeutung dieser Tatsache und untersuchte das Phänomen genauer. So ließ er dann immer vor dem Füttern ein Metronom ertönen. Der Ton des Metronoms bedeutete für die Hunde zunächst nichts. Nachdem er jedoch

Ob das Pferd das Training mit einem angenehmen Gefühl verbindet, sieht man daran, ob es gerne dazu kommt.

Konditionierung

Klassische und instrumentale/ operante Konditionierung

*Von **klassischer Konditionierung** spricht man immer dann, wenn es sich um eine Verknüpfung zweier Signale aus der Umwelt handelt, die einen bestimmten Reflex oder ein Gefühl auslösen. Um **instrumentelle oder operante Konditionierung** geht es, wenn ein bestimmtes Verhalten mit einer Konsequenz verknüpft wird.*

wiederholt immer vor dem Füttern erklang, fingen die Hunde bald schon auf dieses Geräusch an zu speicheln. Es wird also ein Reiz (hier das Metronom) mit einem anderen Reiz (hier das Futter) verknüpft, die dann einen Reflex, nämlich das Speicheln auslösen.

$$A_1 \rightarrow A_2 \rightarrow B \text{ (Reflex/Gefühl)}$$

Im weiteren Forschungsverlauf fand Pawlow heraus, dass es bei dieser Art des Lernens nicht wie bei der instrumentellen Konditionierung auf die Konsequenz ankam, sondern auf den zeitlichen Zusammenhang, in dem diese Reize präsentiert werden und auf die Zuverlässigkeit, mit der sie präsentiert werden. Es geht dabei nicht um bewusstes Verhalten, sondern um Reflexe und Gefühle.

Wird ein Pferd im Training immer wieder mit Überforderung und Stress konfrontiert, wird allein die Tatsache, dass das Training beginnt, wieder die entsprechenden Gefühle hervorrufen. Umgekehrt gilt natürlich dasselbe. Erfährt das Pferd wiederholt Erfolge und Spaß, wird der Beginn des Trainings solche Gefühle mit dem entsprechenden damit verbundenen Verhalten hervorrufen.

Die klassische Konditionierung spielt also auch eine Rolle bei unserem Beispiel Percy. Er hat das Rappeln der Futtereimer mit dem Futter verknüpft und kommt dadurch in eine bestimmte Erwartungshaltung. Auch ihm läuft schon das Wasser im Mund zusammen. An diesem Beispiel sieht man gut, dass wir im wirklichen Leben selten Laborbedingungen haben und die klassische

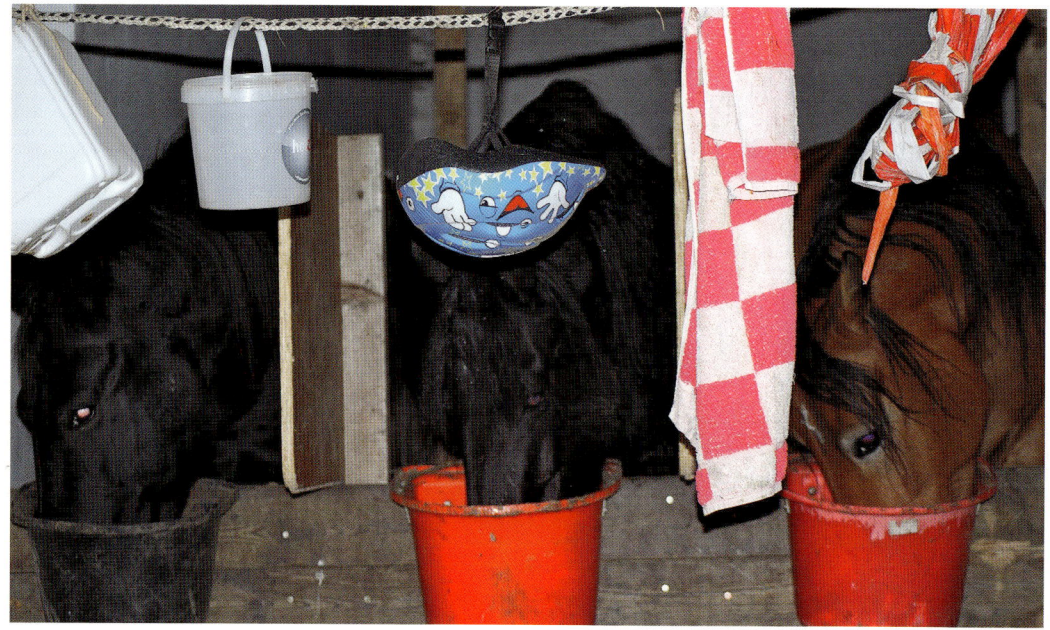

Die Gewöhnung kann man sich für ein »automatisches« Training zunutze machen.

und die instrumentelle Konditionierung klar voneinander trennen können. In diesem Fall ist es, so, dass das Gefühl, also die Erwartungshaltung, auf der klassischen Konditionierung und das eigentliche Verhalten, das Klopfen an die Tür, auf der operanten Konditionierung beruht. Wir haben also bei jedem Verhalten (instrumentelle/operante Konditionierung) auch ein Gefühl (klassische Konditionierung).

Habituation – Gewöhnung

Bei der Habituation handelt es sich um eine einfachere Form des Lernens. Ein Reiz, der zum wiederholten Mal keine Bedeutung für das Tier hat, wird irgendwann nicht mehr wahrgenommen.

Ein schönes Beispiel für uns Menschen ist der brummende Kühlschrank. Dieses Geräusch hat keine Bedeutung, also nehmen wir es nicht mehr wahr. Wir werden erst wieder aufmerksam, wenn er nicht mehr brummt, denn das hat wieder eine Bedeutung für uns.

Das Pferd gewöhnt sich im Zusammenleben mit uns an viele Dinge, wie z.B. Verkehrslärm, irgendwelche Gegenstände wie Mülltonnen oder baumelnde Steigbügel usw. Diese Art des Lernens könnte noch viel mehr genutzt werden, um das Pferd quasi nebenbei zu trainieren, indem man alle möglichen Gegenstände vor der Box oder der Koppel präsentiert und das Pferd sie da als bedeutungslos kennen lernt.

Auch hier tritt mit der Zeit Gewöhnung ein und es muss immer stärker geklopft werden.

Die Habituation macht uns manchmal in Sachen Training jedoch auch einen Strich durch die Rechnung. So können Pferde z.B. schnell lernen, dass unsere Worte keine Bedeutung haben, wenn wir nicht entsprechend achtsam damit umgehen. Dann ist die Stimme für das Pferd dasselbe wie das Brummen des Kühlschranks für uns. Daher sollte man darauf achten, dass Worte immer auch eine Bedeutung für das Pferd haben und nicht unbedacht und pausenlos auf es einprasseln.

Ein weiteres Bespiel, bei dem wir häufig eine Gewöhnung beobachten, ist der klopfende Schenkel am Pferdebauch. Ein über längere Zeit gleichbleibendes rhythmisches Klopfen wird irgendwann nicht mehr wahrgenommen, man könnte es also auch gleich weglassen. Durch Zeichen, die nur dann gegeben werden, wenn eine Reaktion erwartet wird, würde die Kommunikation viel klarer.

Sensibilisierung

Die Sensibilisierung oder auch Sensitivierung ist der gegenteilige Prozess der Habituation. Hier bekommt ein eigentlich bedeutungsloser Reiz eine Bedeutung. Stellen Sie sich vor, Sie haben gerade einen Gruselfilm gesehen und irgendwo quietscht eine Tür. Auf einmal versetzt dieses Quietschen Sie in Alarmbereitschaft, obwohl Sie es sonst vielleicht gar nicht wahrgenommen hätten. Wann genau ein Reiz zur Habituation oder

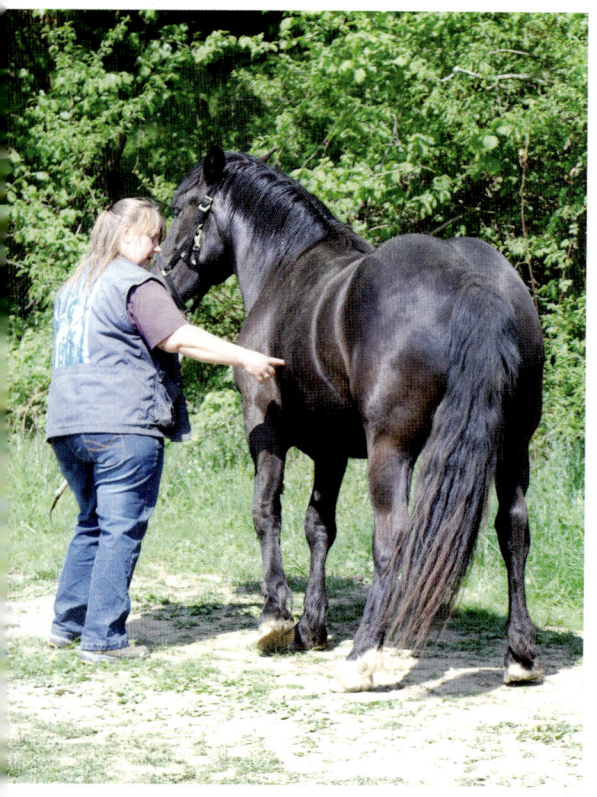

Pferde fühlen mit der Haut viel sensibler als wir mit unseren Fingerspitzen.

eine bestimmte Reaktion fordert. In diesem Zusammenhang möchte ich erwähnen, dass Pferde auf ihrer Haut eine feinere Wahrnehmung haben, als wir an unseren Fingerspitzen. Reagiert ein Pferd also nicht auf den Schenkel, heißt das nicht, dass es ihn nicht spürt (es sei denn, es hat schon eine Gewöhnung stattgefunden). Vielmehr versteht es nicht, was diese Berührung bedeutet, was darauf zurückgeht, dass zuvor die Konsequenz nicht so war, dass das erwünschte Verhalten wahrscheinlicher wurde. Damit sind wir wieder bei der instrumentellen Konditionierung. Hier sieht man sehr gut, wie die Kenntnis der lerntheoretischen Zusammenhänge ein effektives Training ermöglichen kann.

Um das Pferd wieder auf den Schenkel zu sensibilisieren, muss der Reiter zunächst lernen, auf das gleichförmige Klopfen zu verzichten. Stattdessen gibt er ein leichtes Signal mit dem Schenkel und entscheidet sich dann für eine Konsequenz. Positive Verstärkung wäre, wenn auf eine Reaktion eine Belohnung, z.B. in Form eines Leckerchens folgen würde. Negative Verstärkung wäre, das Klopfen mit dem Schenkel so lange zu verstärken, bis eine Reaktion erfolgt, um dann sofort nachzulassen. Eine andere Möglichkeit der negativen Verstärkung wäre, sofort einen recht deutlichen Impuls mit dem Schenkel zu wählen, bei Reaktion des Pferdes auch wieder sofort nachzulassen, um diesen Impuls dann über die Zeit immer weiter abzuschwächen. Auf alle Fälle ist es wichtig, von dem gleichförmigen, rhythmischen Klopfen wegzukommen.

Sensitivierung führt, können wir nicht vorher sagen. Stellen Sie sich einen tropfenden Wasserhahn vor. Es gibt Situationen, in denen Sie ihn gar nicht wahrnehmen. Zu anderen Zeiten kann dieses Geräusch Sie wahnsinnig machen. Das hängt von der Grundstimmung ab und davon, ob der Reiz immer noch bedeutungslos ist oder ob er eine Bedeutung bekommt.

So kann ein Pferd, das nicht mehr auf den Schenkel reagiert, wieder darauf sensibilisiert werden. Es lernt dann wieder, dass das Signal mit dem Schenkel eine Bedeutung hat und von ihm

4

Lernen und Nervensystem

4. Lernen und Nervensystem

Das Gehirn ist das Organ für das Lernen. Dort werden Informationen aufgenommen, abgespeichert und bei Bedarf wiedergegeben. Obwohl man schon viel über Bau und Funktion des Gehirns weiß, ist bis heute nicht vollständig bekannt, wie das Speichern von Information im Detail funktioniert. Immer wieder werden spannende Entdeckungen gemacht.

Das Nervennetz

Man muss sich vorstellen, dass das gesamte Nervensystem sich wie ein riesiges Netz im ganzen Körper ausbreitet. So können sowohl Informationen von den Sinnesorganen zum Gehirn als auch Informationen vom Gehirn zu den ausführenden Muskeln und von dort wieder zurück ins Gehirn gelangen.

Das Gehirn und das Rückenmark werden dabei als zentrales Nervensystem, die anderen Nerven als peripheres Nervensystem bezeichnet. Das Gehirn besteht zu einem großen Teil aus Nervenzellen. Man kann sich vorstellen, dass diese wie ein Telefonnetz verschaltet sind. Um allerdings die Leistung des Gehirns zu erreichen, müsste jeder von uns gleichzeitig mit 10.000 anderen Teilnehmern telefonieren. Die Nervenzellen bestehen vereinfacht ausgedrückt aus einem Zellkörper mit vielen Dendriten und einem Axon. Die Dendriten sind kleine Fortsätze, die mit sehr vielen anderen Zellen in Verbindung stehen und überall Informationen sammeln und zum Zellkörper weiterleiten. Dabei werden hemmende und aktivierende Informationen »verrechnet« und es entscheidet sich dann, ob die Nervenzelle ihrerseits über das Axon Information in Form eines elektrischen Impulses weiterleitet oder nicht.

Am Ende des Axons befindet sich die Synapse, die die Verbindung zur nächsten Nervenzelle oder auch zu einer Muskelzelle darstellt. Zwischen der Synapse und der nächsten Zelle liegt der synaptische Spalt. Kommt nun *elektrische Information* in Form eines sogenannten Aktionspotentiales über den Nerv, wird diese am synaptischen Spalt in *chemische Information* umgewandelt. Das ist eine sehr wichtige Stelle für das Lernen. Je mehr Informationen über die entsprechende Nervenzelle weitergeleitet werden, desto mehr kleine

Im Gehirn werden alle Informationen verarbeitet.

Bläschen, die Vesikel, bilden sich in der Synapse. In diesen Vesikeln befinden sich die Neurotransmitter. Das sind kleine Moleküle, die ausgeschüttet werden, wenn ein Aktionspotential ankommt und dann den synaptischen Spalt überquert. Am gegenüberliegenden Nerv oder auch an der Muskelzelle befinden sich Rezeptoren. Wenn wir uns die Neurotransmitter wie Schlüssel vorstellen, sind die Rezeptoren die Schlösser, in die nur bestimmte Schlüssel passen. Kommt der passende Schlüssel ins Schloss, passiert an der nächsten Zelle etwas. Auch bei den Neurotransmittern gibt es wieder hemmende oder aktivierende. So hat das Gehirn also auf den verschiedensten Ebenen die Möglichkeit, Informationen zu verrechnen. Werden viele Informationen weitergeleitet, dann

Hat das Pferd etwas gelernt, ist das Gehirn nicht mehr dasselbe wie vorher.

werden vermehrt Neurotransmitter gebildet und es werden auch mehr Rezeptoren bereitgestellt. So kann die entsprechende Information schneller fließen. Das Gehirn hat gelernt. Vereinfacht kann man sagen, dass die Verbindungen zwischen Synapsen und Nerven immer stärker werden und die Informationen immer schneller übertragen werden, je öfter sie hindurchfließen. Es finden also beim Lernen zum Teil massive Umbauprozesse statt. Ein Gehirn, das etwas gelernt hat, ist nicht mehr dasselbe wie vorher. Das nennt man Neuroplastizität.

Die oben vorgestellten Formen des Lernens finden auf der Ebene der Nervenzellen, Synapsen und Neurotransmitter statt. Dabei ist wichtig zu verstehen, dass nur Dinge im Gehirn miteinander verknüpft werden können, die zeitlich eng zusammen liegen. Auf der anderen Seite werden Sachen verknüpft, die zeitlich eng zusammen liegen und für das Pferd eine bestimmte Bedeutung haben, ob wir das wollen oder nicht. Deshalb kommt es auch so häufig zu den Missverständnissen, wie sie oben mit Percy und Co. vorgestellt wurden.

Verschiedene Gehirnteile

Das Gehirn besteht aus unterschiedlichen Teilen, die für uns im Training auch eine gewisse Rolle spielen. Von außen kann man sehr schön Großhirn, Kleinhirn und Stammhirn unterscheiden, die auch unterschiedliche Funktionen haben.
Das Stammhirn ist der entwicklungsgeschichtlich älteste Teil des Gehirns. Hier werden die lebenswichtigen Funktionen wie Herzschlag, Atmung, Körpertemperatur usw. gesteuert.
Das Kleinhirn ist für die Bewegung, Koordination der Bewegungsabläufe und die Feinmotorik

zuständig. Hier werden auch sehr effektiv Bewegungsmuster abgespeichert, wenn sie einmal erlernt wurden.

Im Großhirn haben wir die Großhirnrinde und das limbische System. Vereinfacht kann man sagen, dass die Großhirnrinde für die rationalen Entscheidungen zuständig ist. Das limbische System ist für die Emotionen zuständig. Beide sind eng miteinander verbunden. Befindet sich das Pferd in einer hohen Erregungslage, ist das limbische System stark aktiviert. Dadurch wird rationales Handeln blockiert. Das Pferd kann sich also nicht auf eine ihm gestellte Aufgabe konzentrieren. Daher sollte das Pferd im Training möglichst entspannt sein. Umgekehrt gilt es aber genauso. Bei aktivierter Großhirnrinde, wenn sich das Pferd also sehr auf eine Aufgabe konzentriert, werden emotionale Ausbrüche blockiert. Dieses Phänomen kann man sehr schön bei clickertrainierten Pferden beobachten, die meist sehr entspannt an potentiell »gefährliche« Dinge wie Planen oder mit Blechbüchsen gefüllte Beutel herangehen.

Das vegetative Nervensystem

Durch das vegetative Nervensystem werden Verdauungssystem und Drüsenfunktionen gesteuert. Es steht sowohl mit dem zentralen Nervensystem in Verbindung als auch mit dem

Im Kleinhirn werden Bewegungsabläufe koordiniert.

Hormonsystem. Zwei wichtige Teile des vegetativen Nervensystems sind der **Sympathikus** und der **Parasympathikus**.

Bei Aktivierung des Sympathikus werden die Pupillen weitgestellt, die Durchblutung der Muskulatur gefördert, der Herzschlag erhöht und die Verdauungstätigkeit heruntergefahren. Der Organismus ist auf Flucht vorbereitet. Für das Training ist das ein sehr kontraproduktiver Zustand.

Der Parasympathikus ist für die Verdauung zuständig. Er verlangsamt den Herzschlag und zieht die Pupillen zusammen. Der Körper kann sich entspannen. Auch hier gilt wieder, dass die Vorgänge sich immer wechselseitig beeinflussen.

Wird über Futtergabe die Verdauung in Gang gesetzt, wird damit auch der Parasympathikus aktiviert. Das kennt jeder. Nach einer üppigen Speise ist man oft träge. Dafür arbeitet eben die Verdauung. Der verlangsamte Herzschlag bewirkt Entspannung. Das können wir uns im Pferdetraining verstärkt zunutze machen, wenn mit Futter als Belohnung gearbeitet wird.

Die Neurotransmitter

Von ihnen war weiter oben schon mal die Rede, als es um die Informationsübertragung von einer Nervenzelle zur anderen ging. Die Neurotransmitter spielen aber auch eine wichtige Rolle für

Wirkliches Lernen funktioniert nur in entspanntem Zustand.

In diesem Zustand kann das Pferd nichts lernen.

Lernen und Stress

Unter Stress werden vermehrt Adrenalin und Noradrenalin gebildet. Diese Stoffe sorgen dafür, dass der Körper für eine eventuell nötige Flucht bestens vorbereitet ist. Die Aufmerksamkeit ist erhöht, die Atmung wird angeregt, die Muskulatur vermehrt durchblutet und es werden Energiereserven bereitgestellt. Gleichzeitig wird die Verdauung heruntergefahren und die in dem Moment nicht lebenswichtigen Organe wie Haut, Niere und Darm nicht mehr so durchblutet. Der Appetit wird vermindert. Dies entspricht den Vorgängen bei der Aktivierung des sympathischen Nervensystems.

Milder akuter Stress setzt den Körper also in eine leistungsbereite Stimmung. Schlecht wird es, wenn der Stress zu stark ist und vor allem, wenn er chronisch ist und die Stresshormone im Körper nicht entsprechend abgebaut werden. Das unterdrückt letztendlich das Immunsystem, was zu vermehrter Krankheitsanfälligkeit führt, und ist für Verdauungsprobleme, die sich bei Pferden als Koliken oder Magengeschwüre äußern können, zuständig.

Ganz unterschiedliche Situationen können für das Fluchttier Pferd Stress auslösen. Zunächst kann man sagen, dass alles Stress auslöst, was Furcht oder Angst erzeugt, denn dann muss der Pferdekörper zur Flucht bereit sein. Ein nicht zu unterschätzender Faktor ist hier die Stimmungsübertragung und eine eventuelle Angst des Menschen. Diese nehmen Pferde sofort wahr und lassen sich dadurch selbst schnell verunsichern. Daher ist es entscheidend wichtig, dass derjenige, der mit dem Pferd arbeitet, weiß, was er tut, sich sehr sicher ist und damit auch Sicherheit ausstrahlt. Ist der Mensch verunsichert, war der entsprechende Trainingsschritt für den Menschen zu groß. Auch wenn das Pferd das

die Informationsübertragung außerhalb des Nervensystems. Sie sind wichtige Botenstoffe des Körpers. Vielleicht haben Sie schon mal deren Namen wie z.B. Dopamin, Serotonin, Acetylcholin und Noradrenalin gehört. Ich möchte hier gar nicht mehr ins Detail gehen, was die einzelnen Neurotransmitter für Aufgaben haben. Es ist nur wichtig zu verstehen, dass sie eine große Rolle beim Lernen spielen. Sie steuern die Aufmerksamkeit, das Belohnungsgefühl, unterstützen bei der Gedächtnisbildung und spielen eine Rolle bei der Erregungskontrolle. Außerdem sind sie in großem Maße am Stressgeschehen beteiligt.

Das Verlassen des Sozialpartners kann Stress bedeuten.

könnte, sollten in dem Fall die Anforderungen an den Menschen angepasst werden und ein Trainingsschritt gewählt werden, bei dem keine Unsicherheit beim Menschen entsteht. Vielleicht hilft es für diesen Fall auch, die Übung erst mal als Trockenübung oder mit einem anderen Pferd durchzuführen, so dass man sich sicher wird.

Versteht das Pferd die von ihm geforderte Übung nicht, kann das zu Unsicherheit und Stress führen. Aus diesem Grund sind kleine, leicht verständliche Trainingsschritte wichtig.

Auch Schmerz löst Stress aus. Das kann zum einen ein Schmerz mit körperlichen Ursachen sein. Hat das Pferd z.B. Rückenprobleme, wird der Schmerz Auswirkungen auf das Lernen haben. Zum anderen gilt das auch für Stress, der von außen zugefügt wird, entweder über ein zu scharfes Gebiss, einen Schlag mit der Gerte oder die Verwendung der Sporen.

Sozialer Stress kann ausgelöst werden, wenn das Pferd entweder von seinen Kumpeln getrennt ist, oder wenn es mit anderen Pferden in der Bahn arbeiten soll, die es nicht kennt oder mit denen es sich nicht versteht.

Als Trainer hat man die Aufgabe, diese Punkte zu berücksichtigen, um das Tier möglichst in einem stressfreien Zustand zu halten. Denn nur dann kann es sich so auf die Aufgabe konzentrieren, dass es auch etwas lernen kann. Dafür sollte man die Trainingsschritte immer den Erfordernissen anpassen und das Pferd stets in einem Zustand der Sicherheit an neue Aufgabe heranführen.

5

Wie erreicht man ein bestimmtes Verhalten?

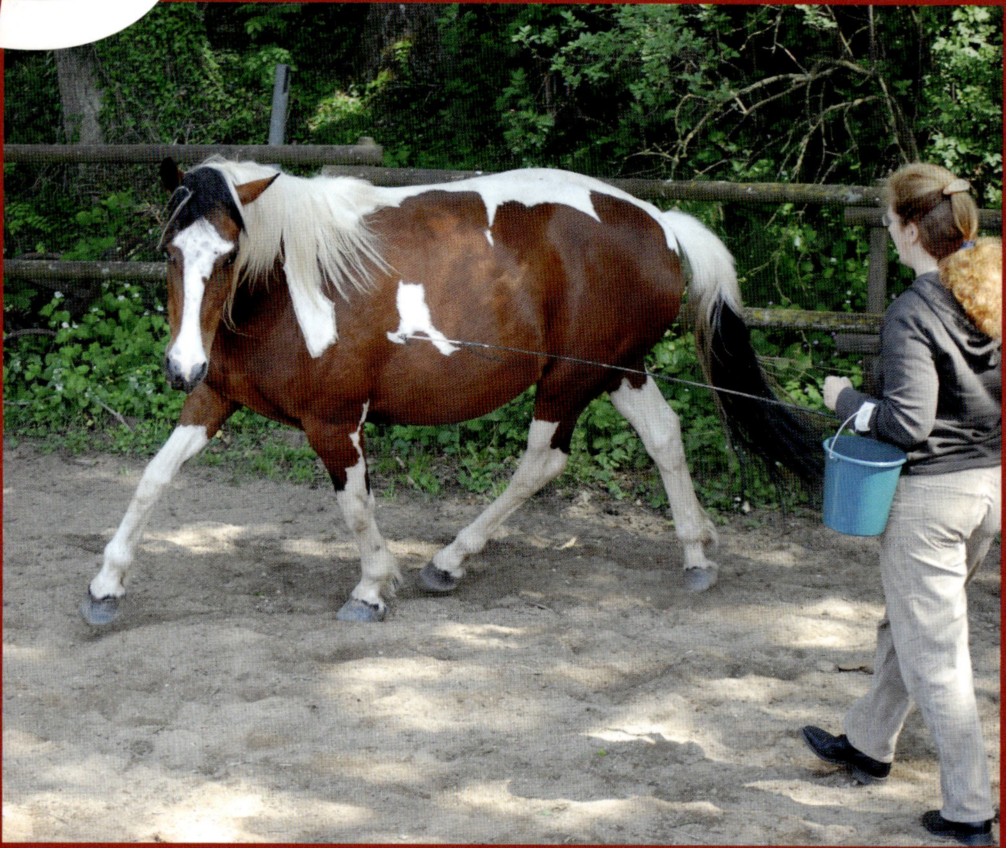

5. Wie erreicht man ein bestimmtes Verhalten?

Wenn wir dem Pferd etwas beibringen wollen, brauchen wir eine Möglichkeit, wie wir das erwünschte Verhalten erreichen, denn zunächst versteht das Pferd unsere Worte nicht. Wir können ihm also nicht mit Worten erklären, was wir von ihm wollen. Es ist so ähnlich, als hätten wir einen Menschen vor uns, der unsere Sprache nicht versteht. Wir müssen einen Weg finden, ihm begreiflich zu machen, was wir von ihm wollen.

»Einfangen« von Verhalten

Die einfachste Möglichkeit ist das »Einfangen« von Verhalten. Damit ist gemeint, dass das Pferd das gewünschte Verhalten gerade ausführt, ohne dass es von uns dazu aufgefordert wurde, und wir ihm nur zeigen, dass es das ist, was wir haben wollten. Ein Beispiel: Das Pferd präsentiert sich schön beim Longieren. Dafür wird es gelobt, damit es lernt, dass wir diese Haltung haben wollen. Auf diese Weise kann man dem Pferd viel schneller klar machen, was man haben will, als mit allen möglichen Hilfszügeln, die es künstlich in eine Position zwängen, die zum einen wahrscheinlich unangenehm ist und bei der es zum anderen gar nicht mitdenkt.

Hilfestellung

Ein riesengroßes Feld an Möglichkeiten bieten uns alle Arten von Hilfestellung, die dem Pferd deutlich machen, was wir gerne hätten. Wir kön-

Versteht das Pferd, was es tun soll und ist körperlich dazu in der Lage, braucht man es nicht mit Hilfszügeln in bestimmte Positionen zu zwingen.

Die lockenden Leckerchen werden zügig abgebaut.

Das Pony muss mehr und mehr alleine machen ...

nen es locken, wir können das Pferd so manipulieren, dass es das gewünschte Verhalten zeigt oder wir können die Umwelt so manipulieren, dass das Pferd nur die eine Möglichkeit hat.

Locken

Beim Locken können wir dem Pferd mit einem Leckerchen vor der Nase den Weg zeigen. Das ist eine relativ einfache Möglichkeit, das gewünschte Verhalten zu erreichen, weil man dem Pferd deutlich zeigen kann, »wo es lang geht«. Der Nachteil ist, dass es dabei auch nicht sehr viel denkt. Bei manchen Pferden kann es sein, dass das Gehirn regelrecht abgeschaltet ist, weil sie nur noch an das Leckerchen denken. Dieser Nachteil ist aber gleichzeitig unter Umständen auch ein Vorteil, weil man das Pferd eventuell zu Dingen »überreden« kann, die es sonst nicht machen würde. Außerdem arbeitet die klassische

Konditionierung für uns, weil das Verhalten, das es zu lernen gilt, positiv verknüpft wird.

Beim Locken ist es wichtig, dass man diese Methode wegen des oben genannten Nachteils nicht zu oft anwendet. Vielmehr sollte man relativ schnell vom lockenden Leckerchen wegkommen und es erst dann als Belohnung einsetzen, wenn das Pferd das erwünschte Verhalten zeigt. Sonst macht man das Leckerchen sehr schnell zu einem Teil des Signals (siehe S. 59) und das Pferd wird die Übung nicht verstehen, wenn das Leckerchen nicht da ist. Es ist dann also nicht stur oder dominant, sondern versteht einfach die Übung nicht mehr, weil sie jetzt anders aussieht. Beim Abbau des lockenden Leckerchen muss man eventuell schrittweise vorgehen. In unserem Beispiel wird Tracy zuerst über die Wippe gelockt und bekommt die Möhre nach dem Umschlagen

... und wird dann am Ende belohnt.

Das Greifen nach dem Leckerchen ist der Beginn der Belohnung!

Achtung!

Das Hinhalten des Lockmittels ist der Beginn einer Belohnung. Sie sollten also nicht erst dann mit dem Locken beginnen, wenn das Pferd schon nicht mehr mitkommt.

der Wippe. Nach drei bis vier Wiederholungen wird sie die ersten zwei Schritte auf die Wippe geführt, um dann weiter gelockt zu werden. So werden immer mehr gelockte Schritte durch geführte Schritte ersetzt und das Pony bekommt für das erwünschte Verhalten seine Belohnung. Dieses zügige Abbauen des Lockens ist von entscheidender Bedeutung. Man sollte sich wirklich einprägen, nicht öfter als drei bis vier Mal mit Leckerchen das ganze Verhalten zu locken, sondern sofort schrittweise mit dessen Abbau beginnen.

Manipulation des Pferdes

Die nächste – und im Pferdetraining wohl am häufigsten angewendete – Möglichkeit, ein bestimmtes Verhalten zu erwirken, ist das Pferd in einer bestimmten Art und Weise zu manipulieren. Überall, wo zunächst ein gewisser Druck aufgebaut wird, damit das Pferd ein Verhalten zeigt, wird diese Art des Trainings verwendet. Meist wird dabei die negative Verstärkung genutzt. Das heißt, wenn das Pferd das erwünschte Verhalten zeigt, wird als Belohnung der Druck weggenommen. Der Vorteil ist, dass man nicht mit Leckerchen arbeiten muss. Der Nachteil ist, dass Druck immer auch Gegendruck produziert. Das sieht

Lernt das Fohlen das Verhalten »Folgen« zuerst, gibt es nachher auch keinen Kampf, wenn Halfter und Strick dazu kommen.

Manipulation in ausreichend kleinen, verständlichen Schritten kann auch Spaß machen.

man schön, wenn ein Fohlen zum ersten Mal ein Halfter anbekommt. Es wird sich gegen dieses unangenehme Gefühl zunächst wehren, bis es ihm irgendwann nachgibt. Hat das Fohlen das Verhalten des Folgens auf eine andere Art gelernt und das Halfter kommt erst später dazu, wird es diesen Kampf nicht geben.

Der große Nachteil an jeder Manipulation des Pferdes ist zunächst, dass sie für das Pferd unangenehm ist. Daher wird dieses Verhalten auch wenigstens zum Teil unangenehm verknüpft. Hier ist wieder die klassische Konditionierung am Werk. Das bewirkt dann, dass ein Pferd nicht gerne zur Arbeit kommt.

Etwas anders kann es aussehen, wenn das Pferd in kleinen Schritten gelernt hat, in einer gewissen Art und Weise manipuliert zu werden und

dass es sich am Ende für es lohnt. Zum Beispiel soll das Pferd lernen, mit seinem inneren Hinterbein unter den Schwerpunkt zu treten. Es kennt das Führen am Zügel und es hat separat gelernt, dem Finger in Schenkellage zu weichen. Beides wurde mit Leckerchen positiv verknüpft. Wird jetzt beides gemeinsam gefordert und zunächst nur wenige Schritte, dann kann die Aufgabe insgesamt für das Pferd auch sehr angenehm sein.

An dieser Stelle passen einige Gedanken zu den vielen als natürlich und pferdegerecht angepriesenen Trainingsmethoden, bei denen angeblich mit der Sprache der Pferde kommuniziert wird. Tatsache ist, dass wir Menschen keine Pferde sind und Pferde das auch sehr gut unterscheiden können. Außerdem weicht kein Pferd automatisch

Achtung!

Bei jeder Manipulation am Pferd müssen wir berücksichtigen, dass es körperlich zu der gewünschten Übung in der Lage sein muss. Für viele Dinge, die uns vielleicht zunächst ganz einfach erscheinen, gilt jedoch, dass das Pferd entsprechend gymnastiziert sein muss, um die Übung ausführen zu können. Ein Beispiel für Sie: Steigen Sie mal von der »falschen« Seite aufs Fahrrad oder auch aufs Pferd auf. Das fühlt sich erst sehr ungewohnt und komisch an und kann so aussehen, dass man es zunächst sogar mit dem falschen Fuß versucht.

Ähnliches gilt für das Rollerfahren mit dem anderen Bein. Auch das wird zunächst sehr holprig aussehen. Genauso wenig, wie Sie bei einem dieser Beispiele stur oder dominant sind, wenn es zunächst nicht klappt, ist es das Pferd. Es kann es einfach nicht besser und muss erst die entsprechenden nervlichen und motorischen Fähigkeiten entwickeln. Das fängt schon bei scheinbar so einfachen Übungen wie dem Führen auf der »falschen« Seite an und geht natürlich weiter bei allen Übungen, die das Pferd sowohl auf der rechten als auch auf der linken Hand ausführen soll.

Es erfordert schon etwas Übung, von der »falschen« Seite aufs Pferd zu steigen.

aus, wenn sich der Mensch in einer bestimmten Position befindet, es sei denn, es hat gelernt, diesem Druck zu weichen. Es muss also auf alle Fälle erst einmal Druck aufgebaut werden. Die negative Verstärkung ist eine wirksame Art, das Pferd dahin zu bekommen, wo man es haben will. Man sollte sich nur bewusst sein, was man da tut. Der aufgebaute Druck sollte sehr wohl dosiert sein, sonst kann es zur Aggression auf Seiten des Pferdes kommen. Ganz besonders besteht diese Gefahr, wenn das Timing des Menschen nicht stimmt und er außerdem die Körpersprache des Pferdes nicht deuten kann. In meiner verhaltenstherapeutischen Praxis hatte ich schon öfter Fälle, bei denen es in solchen Situationen zu Angriffen des Pferdes kam. Im schlimmsten Fall wurde dem Menschen ein Ohr abgebissen. Von daher sehe ich es sehr kritisch, wenn Trainingsmethoden als natürliche Kommunikation angepriesen werden und der dabei stattfindende Druck nicht als solcher benannt und auf die Gefahren, die damit verbunden sind, hingewiesen wird.

Der Round Pen kann eine Hilfe beim Longieren sein.

Manipulation der Umwelt

Die nächste Art, wie man ein Verhalten erreichen kann, ist die Manipulation der Umwelt. Diese kann man so gestalten, dass dem Pferd das Verhalten quasi vorgegeben ist. Eine solche Möglichkeit bietet beispielsweise der Round Pen zum Longieren. Durch den Zaun ist die Zirkelstrecke vorgegeben und man muss das Pferd nicht mit Gewalt auf dem Zirkel halten.

Eine andere solche Hilfe in der Ausbildung ist die Bande der Reitbahn. Bei vielen Übungen kann man sie sich zur Hilfe nehmen, um zu verhindern, dass das Pferd zu dieser Richtung ausbricht. Solche Hilfen sind gut, um dem Pferd die Aufgabe

verständlich zu machen. Man sollte sich jedoch auch wieder bewusst sein, was man tut und zügig daran arbeiten, auf diese Hilfen verzichten zu können.

Soziales Lernen

Pferde sind sehr soziale Lebewesen. Man kann sagen, sie sind sehr darauf bedacht, es dem Menschen recht zu machen. Oft ist es erstaunlich, was sie alles erdulden und sich immer noch bemühen zu verstehen, was von ihnen erwartet wird. Das ist eine Eigenschaft, die wir uns auch im Training sehr gut zunutze machen können.

Sind alle Hilfen abgebaut, ist auch ein freies Arbeiten auf der Wiese möglich.

Stimmungsübertragung

Beginnen wir zunächst mit der Stimmungsübertragung. Pferde sind sehr sensibel, was die Stimmung ihres Menschen angeht. Das bedeutet zum einen, dass man nicht zu seinem Pferd gehen sollte, wenn man selbst sehr gestresst ist, denn das wird mit Sicherheit eine Auswirkung auf das Zusammensein haben.

Es bedeutet aber auch, dass man über seine eigene Ruhe und Klarheit dem Pferd sehr viel Sicherheit vermitteln kann und auch Übungen gezielter »erklären« kann. Das »Erklären« steht deshalb in Anführungsstrichen, weil wir das ja nicht mit Worten tun, sondern mit einem gut durch-

dachten schrittweisen Trainingsaufbau, so dass das Pferd in kleinen Schritten an die Übung herangeführt wird. Innere Klarheit und Führungsqualitäten des Menschen sind also nicht gefordert, um in irgendeiner Weise dominant zu sein, sondern dienen einer guten Verständigung.

Abgucken

Als sehr soziale Wesen schauen sich Pferde bestimmte Dinge einfach ab. Ob das wirklich ein Abgucken oder auch oft eine Art Stimmungsübertragung ist, ist in vielen Fällen gar nicht so leicht zu unterscheiden. Ein Stoppen aus der Bewegung ist so ein Beispiel. Selbst Fohlen, die

Pferde können sehr gut abgucken.

das noch nie trainiert haben, kann man (auch ohne Strick) stoppen, wenn man akzentuiert und deutlich neben ihnen stehen bleibt. Sie machen das einfach nach. Auf diese Art und Weise haben wir eine einfache Möglichkeit, ein erwünschtes Verhalten zu erreichen. Natürlich ist in diesem Fall der Mensch die Hilfe, die es abzubauen gilt, denn das Pferd soll ja später auch stoppen, wenn wir beispielsweise auf ihm sitzen. Allerdings ist es relativ einfach, ein Verhalten zu verstärken und unter Signal zu setzen, (siehe S. 62) wenn man erst einmal erreicht hat, dass das Pferd das Verhalten überhaupt zeigt.

Achtung!

Bei allen Hilfen im Training besteht die Gefahr, dass man sich von ihnen abhängig macht, wenn man sie zu lange verwendet, weil sie Teil der Aufgabe werden. Es lohnt sich also immer, einen Trainingsplan zu machen. Dabei sollte man sich alle angewendeten Hilfen bewusst machen und von Anfang an an deren Abbau denken.

Geht man zum Pferd, sollte man allen Stress und alle Anspannung hinter sich lassen.

Clickertraining

Das Clickertraining ist im Pferdetraining noch eine relativ neue Ausbildungsmethode. Allerdings hat es schon eine jahrzehntelange Tradition beim Training anderer Tierarten und ist sehr gut wissenschaftlich erforscht. Es handelt sich dabei also nicht um eine Trainingsmethode, die sich jemand ausgedacht hat, sondern sie beruht auf bekannten und nachweisbaren Tatsachen aus der Lerntheorie. Allerdings setzt diese Art des Trainings ein völliges Umdenken voraus. Man gibt dem Pferd die Verantwortung für sein Tun und verstärkt, was man haben möchte. Die posi-

tive Verstärkung spielt dabei eine sehr große Rolle.

Bei dieser Art des Trainings kann man völlig ohne Druck und Strafe im herkömmlichen Sinn auskommen. Ich schreibe deshalb »im herkömmlichen Sinn«, weil das Nicht-Geben eines Leckerchens per Definition ja auch schon eine Strafe ist. Beim Clickertraining lernt das Pferd, dass der Click bedeutet: Es gibt ein Leckerchen. Dann bringt man ihm bei, dass es in seiner Macht liegt, diese Clicks zu produzieren. Damit sind die Grundlagen geschaffen für ein Lernen, das erstaunliche Ergebnisse hervorbringen kann. Das

Der Clicker ist ein wertvoller Helfer im Pferdetraining.

Mit dem Clicker kann man sehr fein mit dem Pferd kommunizieren und spannende Sachen trainieren, die anders kaum möglich sind.

Pferd ist gleichberechtigter Trainingspartner. Natürlich gelten auch dabei bestimmte Regeln, die eingehalten werden müssen. Aber das gilt für beide Seiten. So muss das Pferd höflich sein und darf nicht nach dem Futter gieren. Der Mensch hingegen muss nach dem Click füttern.

Man kann den Clicker so anwenden, dass man ihn im Rahmen der normalen Ausbildung verwendet, um dem Pferd deutlicher zu machen, was es tun soll. Eine viel spannendere Art ist es jedoch, das Pferd viele Sachen wirklich selbst erarbeiten zu lassen. Das nennt man **freies Formen**. Das Pferd bekommt keinerlei Hilfe außer Click und Futter, wenn es etwas richtig macht, ähnlich dem Topfdeckelspiel der Kinder. Damit kann man Dinge trainieren, die anders fast nicht möglich sind.

Targettraining

Das Targettraining ist eine weitere schöne und effektive Methode aus dem Clickertraining.

Target bedeutet Ziel. Das Pferd lernt dabei, mit einem bestimmten Körperteil ein bestimmtes Ziel zu berühren. Als Targets können Fliegenklatschen, speziell hergestellte Targets (z. B. aus einer Plastikflasche und einem Stab gebastelt), die Hände oder was auch immer dienen. Das Pferd kann lernen, mit jedem einigermaßen beweglichen Körperteil einen Target zu berühren. Gebräuchlich sind Nasentargets, Schultertargets (siehe Titelbild), Hüfttargets und andere. Damit hat man verschiedene Verständigungsmöglichkeiten, um dem Pferd deutlich zu machen, was man von ihm haben will, weil man sehr gezielt bestimmte Körperteile ansprechen kann.

Die Möglichkeiten sind so umfangreich, dass ich hier auf unser Buch **Clickerfitte Pferde** (ISBN 978-3-275-01775-1) verweisen möchte. Darin stellen wir im Detail vor, wie man unter anderem mit dem Targettraining sogar einzelne Muskelpartien des Pferdes trainieren kann. So kann gezieltes Muskelaufbautraining effektiv und mit viel Spaß durchgeführt werden.

Vorurteile gegen das Clickertraining

1. Vorurteil:
Pferde kann man nicht mit Futter trainieren.

Das stimmt so nicht. Man kann jedes (und damit meine ich wirklich jedes!) Pferd mit Futter trainieren. Voraussetzung ist natürlich ein ordentliches Höflichkeitstraining. Das Pferd muss sich an die Spielregeln halten. In der Regel ist dieses Training eine Sache von Minuten. In Ausnahmefällen kann es vielleicht auch mal ein bis zwei Stunden dauern. Das sind aber wirklich absolute Ausnahmen, vielleicht eins von 100 Pferden.

2. Vorurteil:
Clickertraining hat was mit Konditionieren zu tun. Das ist Manipulation und von daher abzulehnen.

Konditionieren heißt nichts anderes als Lernen. Clickertrainer kennen sich oft gut aus in der Lerntheorie. Daher wählt man auch die entsprechenden Fachwörter. Also spricht ein Clickertrainer von Konditionieren. Jeder, der ein Pferd trainiert, konditioniert es aber auch, sonst würde es ja nichts lernen. Es gibt – wie wir oben schon gelernt haben – verschiedene Arten der Konditionierung, die aber alle sowohl beim Clickertraining als auch im traditionellen Training vorkommen. Clickertraining hat also viel weniger

Das Pferd hat gelernt, mit der Hüfte den Target zu berühren, was das Körperbewusstsein gut schult und eine Vorbereitung für die Seitengänge ist.

Es ist ein seltsames Phänomen der Menschen, dass sie lieber Sporen als Futter im Training verwenden.

mit Manipulation zu tun als z.B. die Verwendung von Hilfszügeln, Gerte und Sporen. Beim Clickertraining hat das Pferd in jedem Moment die Wahl, ob es mitmacht oder nicht. Bei uns ist der Reitplatz zur Weide hin nicht abgetrennt. So können uns die Pferde immer direktes Feedback geben, ob sie gerne mitarbeiten oder eben lieber gehen, was aber nur äußerst selten vorkommt. Und dann ist es Zeit, das Training zu überdenken.

3. Vorurteil:
Die Pferde werden sozusagen für die Arbeit bezahlt.

Tatsache ist jedoch, dass die Pferde nicht auf der Welt sind, um uns unsere Wünsche von den Augen abzulesen. Wir können sie entweder zwingen oder eben positiv verstärken. Immer wieder höre ich in Seminaren: »Und wann kann ich aufhören zu füttern?« Noch nie wurde ich jedoch gefragt: »Und wann kann ich aufhören Gerte und Sporen zu verwenden?«

Alles hat seine Vor- und Nachteile, die perfekte Methode gibt es wohl nicht. Doch das Schöne ist: Es kann jeder selbst entscheiden, welche Aus-

bildungsmethode er für sich und sein Pferd wählt. Beim Training über negative Verstärkung hat man es hauptsächlich mit den Gefühlen Angst und Erleichterung zu tun, wobei ein guter Trainer dafür sorgen wird, dass die Erleichterung überwiegt. Beim Training über positive Verstärkung hat man es hauptsächlich mit Freude und Frust zu tun, wobei ein guter Trainer wiederum dafür sorgen wird, dass die Freude überwiegt.

Motivation

Jeder wünscht sich ein Pferd, das motiviert und willig mitarbeitet. Versteht man die Zusammenhänge, kann man das auch leicht erreichen.

Was ist Motivation?

Motivation ist die Bereitschaft, eine bestimmte Aufgabe auszuführen. Dabei wird unterschieden zwischen einer Motivation, die von innen und einer, die von außen kommt. Die Motivation aus eigenem Antrieb nennt man intrinsisch. Diese Art der Motivation wird ausgelöst durch bestimmte Bedürfnisse, wie z.B. Hunger, aber auch

durch Neugierde, die bei Pferden ja sehr ausgeprägt ist. Dagegen gibt es auch die Motivation, die von außen kommt, die extrinsische Motivation. Diese können wir über positive und negative Verstärkung bzw. Strafe steuern, wie oben beschrieben wurden.

Wie kann man die Motivation fördern?

Generell ist es schön, wenn wir es im Training erreichen, dass das Pferd aus eigenem Antrieb mitmacht. Wir beginnen aber mit der Motivation von außen. Je mehr Spaß das Pferd im Training hat, desto lieber wird es irgendwann aus eigenem Antrieb mitmachen. Am schnellsten erreicht man das über die positive Verstärkung, denn hier bekommt das Pferd etwas Tolles, wenn es eine Aufgabe gut gemacht hat. Das gibt ein Erfolgserlebnis.

Das setzt natürlich vom Trainer voraus, dass er sein Training in kleine Trainingsschritte unterteilt. Misserfolge, wenn z.B. der Trainingsschritt zu groß ist, stören die Motivation, auch beim Training über die positive Verstärkung. Andererseits kann man auch beim Training über negative Verstärkung beim Pferd viele Erfolgserlebnisse und gute Gefühle (nämlich Erleichterung) erreichen, wenn man in kleinen durchdachten Trainingsschritten arbeitet. Ein gut durchdachter Trainingsplan mit vielen kleinen Schritten und immer weiteren Zwischenschritten für den Fall,

Eine gemeisterte Übung mit anschließender Belohnung sorgt für ein Erfolgserlebnis.

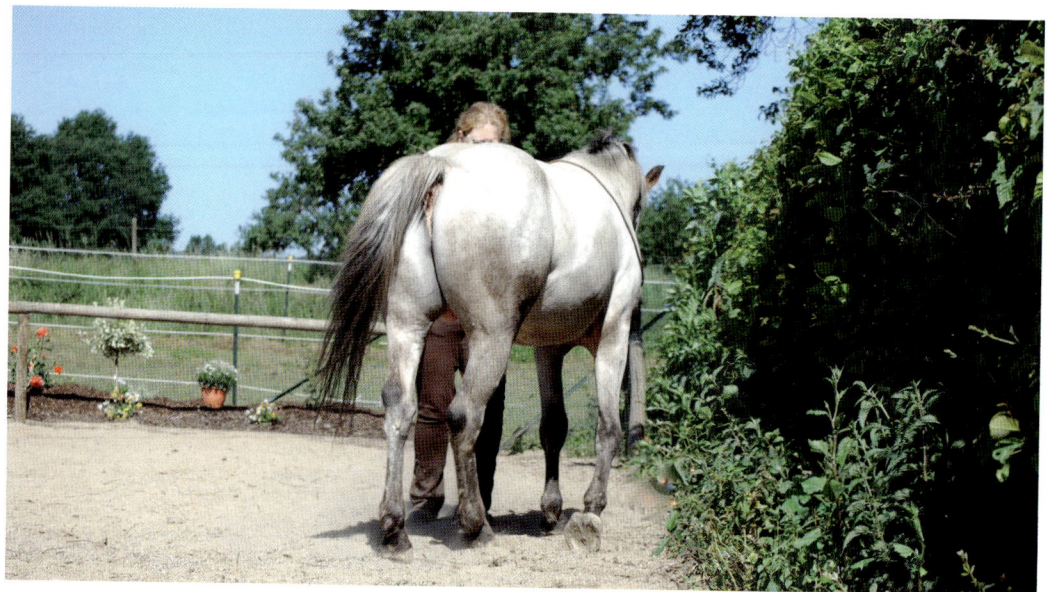

Abwechslung im Training kann sehr motivierend sein.

dass das Pferd die Aufgabe nicht versteht, sind das Allerwichtigste zur Steigerung der Motivation. Das gilt unabhängig vom Ausbildungssystem.

Abwechslung bietet dem Pferd immer neue Anreize und kann die Motivation steigern. Dabei gilt es, die Persönlichkeit des Pferdes zu berücksichtigen. Für manche Pferde ist Abwechslung auch schnell zu viel und kann damit stressig werden. Es heißt also ein Gespür zu entwickeln, um jedem Pferd das Richtige zu bieten.

Schafft man es, das Pferd körperlich und geistig so zu fördern, dass es zum einen Spaß an den Übungen hat und zum anderen auch den körperlichen Nutzen erfährt, dann muss man immer weniger von außen motivieren und das Pferd wird aus eigenem Antrieb mitmachen.

Motivationsprobleme

Hat man ein Pferd, das überhaupt nicht zu motivieren ist, ist es zunächst einmal wichtig zu analysieren, ob sich für das Pferd die Mitarbeit auch lohnt. Hat es Erfolgserlebnisse? Ist das Training so aufgebaut, dass es verstehen kann, was gefordert ist? Stimmt die Kommunikation? In der Regel wird man hierbei schon Verbesserungsmöglichkeiten finden.

Die Arbeit über die positive Verstärkung macht es leichter, ein Pferd zu motivieren. Was kann man dem Pferd also bieten, für das es sich lohnt zu arbeiten? Das kann Futter sein, muss es aber nicht unbedingt. In einem solchen Fall lohnt es sich zu überdenken, was das Pferd jetzt alles lieber machen würde als das, was wir von ihm wollen. Sicher werden jedem da einige Möglichkeiten einfallen, angefangen von frei durch die

Bahn laufen über Gras am Rand fressen bis zu faul in der Ecke stehen. Sicher ist es möglich, auch wenn es zunächst umständlich erscheint, solche Dinge wenigstens vorübergehend als positive Verstärker einzusetzen. Damit können wir dem Pferd klar machen, dass es durch sein Verhalten die Möglichkeit in der Hand hat, zu angenehmen Dingen zu kommen. Handelt es sich wirklich um Verstärker, wird das Pferd die zu trainierenden Verhalten immer lieber zeigen, weil es gelernt hat, dass es sich lohnt.

Etwas Geduld und Einfallsreichtum braucht man bei Pferden, die die sogenannte erlernte Hilf-losigkeit zeigen. Solche Pferde haben wiederholt erlebt, dass all ihre Mühen nichts helfen, um sie von Schmerz und Unwohlsein zu befreien. Sie haben sich aufgegeben. Hier ist viel Einfühlungs-vermögen gefragt und wirklich kleine Trainings-schritte, damit sie wieder merken, dass sie über ihr Verhalten die Konsequenzen beeinflussen können und dass es sich wieder lohnt mitzuden-ken.

In vielen Fällen sollte man auch überdenken, ob der Zwang im Training nötig ist. Die Pferde arbei-ten in der Regel sehr gerne mit, wenn sie verste-hen, worum es geht.

Für Buccaneer ist es die schönste Belohnung, wenn er sich wälzen darf.

6

Kommando –
Signal – Hilfe

6. Kommando – Signal – Hilfe

In diesem Kapitel wollen wir uns mit den drei Begriffen Kommando, Signal und Hilfe beschäftigen, damit etwas mehr Klarheit über deren Verwendung besteht.

Unterschied Kommando – Signal

Kommandos und Signale sagen dem Pferd, was wir von ihm haben wollen. Beides sind Reize, die das Pferd wahrnehmen können muss. Dabei können wir einmal einen akustischen Reiz wählen, um den Gehörsinn anzusprechen, z.B. mit einem Wort oder einem Schnalzen. Wir können einen visuellen Reiz wählen, der den Sehsinn des Pferdes anspricht, z.B. eine bestimmte Bewegung mit der Peitsche. Oder wir können den Tastsinn ansprechen mit einer Berührung, z.B. dem Schließen der Beine beim Reiten. Alle diese Möglichkeiten sind im Pferdetraining durchaus gebräuchlich.

Das Wort »Kommando« kommt aus dem Bereich des Militärs. Dort wurden und werden Kommandos gegeben. Das Kommando beinhaltet den Gehorsam und auch den Zwang, der gegebenenfalls verwendet wird. Ein Kommando duldet keinen Widerspruch, sonst droht Ärger. Wird ein Kommando gegeben, wird es in der Regel auch mit allen Mitteln umgesetzt.

Ein Signal wird überhaupt erst gegeben, wenn das Pferd das Verhalten schon beherrscht, nicht vorher. Das Signal kommt aus dem »wissenschaftlichen« Training. Es ist wertneutraler und meint einfach einen Reiz, den das Tier wahrnimmt und den es mit einer bestimmten Konsequenz verknüpft hat. Im Pferdetraining wird noch recht wenig von Signalen gesprochen. Hier spricht man eher von Hilfen.

Was ist eine Hilfe?

Im Pferdetraining werden alle möglichen Einwirkungen auf das Pferd als Hilfen bezeichnet. Ich finde das sehr ungenau. Für mich ist eine Hilfe etwas, was dem Pferd wirklich hilft, eine

Tabelle: Kommando – Signal

Kommando	Signal
Wird gegeben, dann Verhalten trainiert.	Erst wird Verhalten trainiert, Signal kommt später.
Negative Verstärkung	Positive Verstärkung
Wird in der Intensität je nach Situation verändert.	Bleibt immer gleich.
Wenn nicht befolgt, unangenehme Folgen.	Wenn nicht befolgt, Chance vertan.
Beispiel: Polizist, der zum Halten winkt.	Beispiel: Grüne Ampel.

Die Höhe der Peitsche kann die Gangart vorgeben.

Eine deutliche Drehung des Oberkörpers in die neue Richtung kann dem Pferd eine wirkliche Hilfe sein.

Idee von dem zu bekommen, was ich haben will. So kann die Gewichtsverlagerung eine Hilfe sein, wenn es um die Richtungsangabe geht. Darauf reagieren die Pferde in einer bestimmten Art und Weise, auch ohne dass sie es großartig lernen müssen.

Alles, was das Pferd erst lernen muss, wie z.B. die Bedeutung der Reiterbeine, würde ich Kommando oder Signal nennen, je nachdem wie sie angewandt werden.

Die vielen »Hilfen«, die auf dem Pferd verwendet werden, sind es wert überdacht zu werden. Stellen Sie sich eine Ihrer ersten Tanzstunden vor. Es ist schwer genug, die Beine zu sortieren. Jetzt stellen Sie sich vor, dass einer Sie am Bein antippt, wenn Sie das bewegen sollen, ein anderer schiebt Ihre Schulter in die richtige Richtung. Zusätzlich machen Sie das Ganze auf einer leichten Anhöhe, so dass Sie auf Ihrem Platz bleiben.

Kaum vorstellbar, dass man so tanzen lernen würde.

Wie aber wird es mit den Pferden gemacht? Sie werden eingerahmt zwischen Beinen, Gerte, Bande und Zügeln. Dann gibt es noch die Gewichtshilfe und je nach Aufgabe steht noch einer mit der Gerte daneben und »hilft« von unten. Ich finde es immer sehr erstaunlich, dass die Pferde trotz allem lernen.

Was viel wichtiger ist als all die »Hilfen« ist ein durchdachter, schrittweiser Trainingsaufbau, so dass das Pferd die Möglichkeit hat, zu verstehen, was von ihm gefordert wird, und ein Reiter, der so wenig wie möglich stört.

Das Einführen eines Kommandos

Soll das Pferd ein Kommando lernen, ist es wichtig, dass das Timing stimmt. Ein Kommando wird ein einziges Mal gegeben, denn das Pferd soll lernen, dass es sofort reagiert. Dann wird es über die Anwendung einer Art von Druck zu dem erwünschten Verhalten gebracht. Nun gibt es verschiedene Arten, wie man diesen Druck anwenden kann. Die eine Möglichkeit ist, dass er zunächst extrem deutlich gegeben wird, um dann über die Zeit mehr und mehr reduziert zu werden. Vorteil ist eine prompte Reaktion des Pferdes, der Nachteil ist, dass das Tier erschrecken kann, was zu Stress führt und nachteilig für das Lernen ist.

Die andere Möglichkeit ist, dass mit ganz leichtem Druck angefangen und je nach Reaktion des Pferdes wenn nötig gesteigert wird, bis es reagiert. Auf diese Art kann man sich langsamer herantasten und wird das Pferd nicht erschrecken. Es wird mit der Zeit lernen, schon auf den beginnenden Druck zu reagieren, weil er sonst stärker wird.

Welche der beiden Arten besser ist, ist Geschmackssache und kann vom Trainer gewählt werden. Beide haben Vor- und Nachteile. Wichtig ist jedoch bei beiden, dass das Verhalten mit Konsequenz erreicht wird, sonst kann das Pferd es nicht mit dem Kommando verknüpfen. Und noch viel wichtiger ist das augenblickliche Nachlassen des Druckes, wenn das Verhalten ausgeführt wird, denn erst dieses Nachgeben bewirkt, dass das Verhalten wahrscheinlicher gezeigt wird.

Nehmen wir als Beispiel das Antraben beim Longieren. Es wird das Kommando »Te-rab« gegeben. Dann übt entweder die Peitsche zunächst einen deutlichen Druck aus, um eine sofortige Reaktion zu erreichen, auch wenn die Gefahr besteht, dass das Pferd sich erschrickt und wegspringt. Mit der Zeit wird dieser Druck immer weniger gegeben, bis das Pferd auf ein kleines Zeichen mit der Peitsche reagiert.

Sobald das Pferd dem Druck der Peitsche nachgibt und antrabt (oben), sollte der Druck durch Senken der Peitsche nachlassen (unten).

Erst, wenn das Pferd das Verhalten schon beherrscht (hier das Zurückgehen), wird das entsprechende Signal eingeführt.

Die andere Möglichkeit bedeutet, dass die Peitschenbewegung kaum merklich anfängt und so lange gesteigert wird, bis das Pferd antrabt. Mit der Zeit braucht man immer weniger zu steigern, weil das Pferd früher reagiert.

Auf alle Fälle sollte sofort der Druck weggenommen werden, als Belohnung auf die Reaktion. Nur so kann das Pferd lernen. Da ist eine gute Schulung des Timings des Menschen von entscheidender Bedeutung.

Das Einführen eines Signals

Ein Signal wird erst eingeführt, wenn das gewünschte Verhalten bereits gekonnt wird. Dieses System ist im Pferdetraining noch nicht sehr gebräuchlich. Vom Training anderer Tierarten weiß man jedoch, wie effektiv dieses Vorgehen ist. Das Signal wird in der Regel beim Training über positive Verstärkung eingeführt. Zunächst erwirkt man also das Verhalten durch eine der vielen Möglichkeiten, die oben beschrieben sind. Das Signal führt man zu dem Zeitpunkt ein, wenn man sich hundertprozentig sicher ist, dass das Pferd das gewünschte Verhalten zeigen wird. Nehmen wir an, dass Pferd hat über das freie Formen gelernt rückwärts zu gehen. Das bietet es jetzt immer wieder an, weil es sich lohnt, denn dafür bekommt es ein Leckerchen. Ist sich der Trainer jetzt also sicher, dass das Pferd das Rückwärtsgehen wieder anbieten wird, gibt er das Signal – z.B. das Wort »Back« – kurz bevor das Pferd rückwärts gehen wird. Damit kann das Pferd Wort und Verhalten verknüpfen.

Sobald das Signal eingeführt wird, wird das Pferd nicht mehr belohnt, wenn es das Verhalten, in diesem Fall das Rückwärtsgehen, zeigt, ohne dass das Signal gegeben wurde. Damit lernt es, dass wenn es das Wort »Back« hört, die Möglichkeit besteht, sich eine Belohnung zu verdienen. Im Laufe der Ausbildung wird das Zeitfenster, also die Zeit, die das Pferd hat, um auf das Signal zu reagieren, immer weiter geschlossen. Reagiert es nicht innerhalb des vorgegebenen Zeitfensters, so hat es seine Chance vertan. Ein Beispiel für den Menschen ist die grüne Ampel. Sie ist das Signal zum Fahren. Schafft man es aus irgendeinem Grund nicht, dann zu fahren, schaltet die Ampel wieder auf Rot und man hat die Chance verpasst. So erreicht man auch ohne jede Strenge und Zwang ein zuverlässiges Verhalten des Pferdes, denn auch Pferde verpassen Chancen nicht gerne. Zusammenfassend lässt sich also sagen, dass es sehr unterschiedliche Möglichkeiten gibt, mit dem Pferd zu kommunizieren. Mit einer Hilfe versucht der Mensch über Gewichtsverlagerung oder von unten über eine bestimmte Position, dem Pferd das Verstehen einer Aufgabe leichter zu machen. Daraus kann sich später ein Kommando oder ein Signal entwickeln. Kommandos erzwingen Verhalten, werden also in der Intensität gesteigert, wenn das gewünschte Verhalten nicht gezeigt wird. Signale bleiben von der Intensität gleich und können extrem leicht gegeben werden, gerade wenn es sich um Berührungen handelt, wobei man die hohe Sensibilität des Pferdes an der Haut ausnützt.

Die Überschattung

Werden dem Pferd zwei Reize gleichzeitig präsentiert, kann es sein, dass der eine den anderen überschattet. Das bedeutet, der überschattete Reiz wird dann gar nicht vom Pferd wahrgenommen. Dazu ein Beispiel: Bestimmt haben Sie schon mal einen ausländischen Film in Originalsprache mit deutschen Untertiteln gesehen. Entweder versteht man die Sprache, konzentriert sich auf den Film und die deutsche Schrift wird überschattet, also nicht wahrgenommen. Oder man versteht die Sprache nicht, dann konzentriert man sich auf die geschriebenen Wörter und wird die gesprochene Sprache und auch Teile der Handlung nicht mitbekommen.

So kann es dem Pferd natürlich auch gehen. Dem Pferd ist unsere Körpersprache viel geläufiger als unsere gesprochene Sprache, da Pferde Meister im Lesen der Körpersprache sind. Sagen wir jetzt ein Wort, z.B. »Komm«, und unsere Körpersprache drückt durch direktes Angucken, vielleicht auch noch durch etwas angespannte Muskulatur, weil wir uns gerade über etwas geärgert haben, etwas anderes aus, wird wahrscheinlich das gesprochene Wort überschattet, also vom Pferd gar nicht wahrgenommen. Es ist dann nicht Dominanz, böser Wille oder Ungehorsam, sondern einfach nur eine Überschattung, die jeder schon mal am eigenen Leibe erlebt hat und für die man nichts kann, weil man die anderen Reize eben gar nicht wahrgenommen hat.

Um solche Missverständnisse zu vermeiden, kann man sich entweder um eine sehr klare Körpersprache bemühen und das gesprochene Wort deutlich hinten anstellen. Oder man bringt dem Pferd bei, dass es die Worte sehr gut versteht und dass diese Priorität haben, egal was mit der Körpersprache ausgedrückt wird. Wieder gibt es viele Möglichkeiten. Jeder Trainer, und damit meine ich wieder jeden, der mit Pferden umgeht, sollte wissen, was er tut und sich dann bewusst entscheiden.

Ein Beispiel für Überschattung: Zügel und Körpersprache geben unterschiedliche Richtungen vor. Eines der Signale wird überschattet.

Die Sache mit der Körpersprache

Ja, es stimmt. Pferde sind Meister im Lesen der Körpersprache. Das ist sozusagen ihre Muttersprache. Zwar sprechen wir aus Pferdesicht einen sehr starken Akzent, jedoch können Pferde auch bei uns so einiges erkennen und vieles relativ schnell verstehen lernen, wenn wir konsequent sind, d.h. uns bewusst bewegen und unseren Bewegungen auch immer die gleichen Bedeutungen geben. Allerdings sind wir keine Pferde. Von daher können wir auch nicht auf »Pferdesprache« mit den Pferden kommunizieren. Wenn also bestimmte Trainer ihr System als natürliche Kommunikation mit dem Pferd anpreisen, zeichnen sie sich durch ein sehr bewusstes und konsequent angewandtes System an körpersprachlichen Zeichen aus, das Pferde schnell durchschauen können. Oft wird mit sehr viel Druck gearbeitet, was Laien nur leider nicht erkennen. Ein solcher Trainer hat es mal sehr schön ausgedrückt: »Ich gebe euch ein Skalpell an die Hand. Das kann tolle Dinge bewirken, aber auch viel kaputt machen.«

7 Jedes Pferd kann (fast) alles lernen

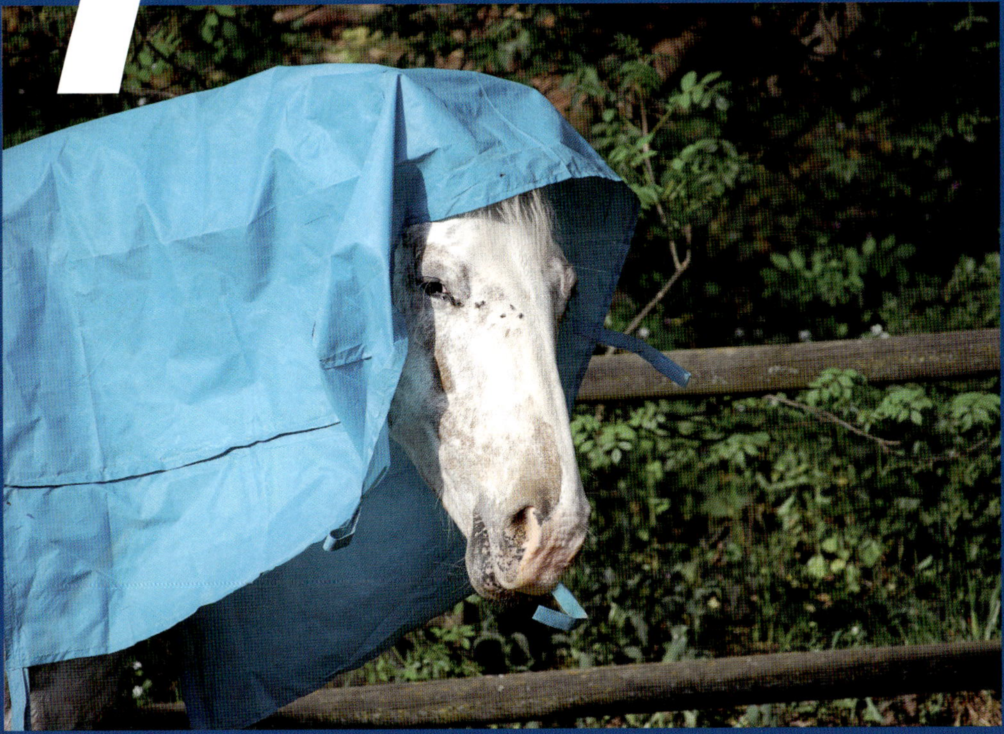

7. Jedes Pferd kann (fast) alles lernen

Im Folgenden möchte ich einige Aufgaben vorstellen, die anders als meist üblich im Pferdetraining über die positive Verstärkung trainiert werden. Das Pferd wird also belohnt, wenn es tut, was wir wollen.

Jedes Pferd kann die hier beschriebenen Übungen lernen, wenn dem nicht irgendwelche gesundheitliche Gebrechen entgegen stehen. Das »fast« in der Überschrift steht deshalb da, weil Pferde z.B. nicht fliegen lernen können. Sätze wie »Mein Pferd kapiert das nicht« oder »Für mein Pferd ist so etwas nichts« gelten nicht, wenn man dem Pferd machbare Aufgaben stellt, denn wirklich jedes Pferd kann das lernen. Kommt es an einer Stelle nicht weiter, hat der Mensch die Aufgaben zu schwer gestellt oder das Pferd war nicht motiviert genug. Aber daran kann man arbeiten. Also an die Arbeit!

Die folgenden Beispiele sind immer aufeinander aufgebaut. Bei den verschiedenen Übungen werden unterschiedliche Aspekte des Trainings genauer betrachtet. Wenn Sie also die Übungen nicht in der vorgesehenen Reihenfolge machen wollen, sollten Sie sich dennoch vorher erst einmal alles durchlesen. Die Zusammenfassungen jeweils am Ende einer Übung werden Ihnen helfen, sich an die wichtigen Inhalte der jeweiligen Übung zu erinnern, so dass Sie dann das theoretische Wissen möglichst erfolgreich in die Praxis umsetzen können.

Verständigungsspiele für den Anfang

Zunächst sollte das Pferd die Bedeutung eines Markersignals kennen lernen. Das wird also die erste Übung. Bevor wir dann an die »ernsthaften« Übungen herangehen, werde ich zwei grundlegende Übungen vorstellen, auf die wir später noch öfter zurückgreifen werden. Außerdem sollen Sie mit diesen Übungen immer mehr Gefühl für diese neue Art der Ausbildung entwickeln lernen.

Das Markersignal

Für ein Training mit gutem Timing ist es nötig, ein Markersignal zu haben, das dem Pferd genau im richtigen Moment sagt, dass es etwas richtig gemacht hat. Das kann ein Lobwort sein oder auch der Clicker. Obwohl ein Lobwort oft einfach so gebraucht wird, ist es doch die sicherere Variante, wenn das Pferd zunächst lernt, was es bedeutet, denn Pferde verstehen das nicht von Haus aus und müssten die Bedeutung sonst erst umständlich selbst herausfinden.

Zuerst soll das Pferd also lernen, dass das Lobwort bedeutet, dass gleich ein Leckerchen kommt. Wir wollen ein Signal einführen, das dem Pferd genau sagen kann: Das, was du in diesem Moment getan hast, war richtig! Überlegen Sie sich dafür ein Wort, das einzigartig ist und in Ihrem Sprachgebrauch sonst nicht vorkommt, wie z.B. »Bingo« oder was auch immer. Der Clicker ist von vorne herein einzigartig, so dass man sich bei dessen Verwendung keine Gedanken machen muss.

Damit das Pferd das Markersignal kennen lernen, also verknüpfen kann, müssen beide Dinge – Markersignal und Futter – zunächst unmittelbar hintereinander passieren. Stellen Sie sich dazu vor die Box Ihres Pferdes. Stellen Sie sich in einen solchen Abstand, dass es Sie gerade nicht erreicht. Sehen Sie das Pferd nicht an, sondern schauen Sie einfach an ihm vorbei z.B. die Stallgasse entlang. In einer Hand haben Sie schon ein Leckerchen vorbereitet. Von Zeit zu Zeit sagen Sie nun das Lobwort und geben augenblicklich die Belohnung. Wichtig ist, dass das Markersignal kurz vor der Handbewegung kommt und dass wirklich nur das Lobwort oder der Click das Auftauchen der Hand mit dem Futter bedeutet. Wiederholen Sie das einige Male. Vorausgesetzt Ihr Pferd hat großen Appetit auf die Belohnung, dürfte es diese Spielregel, nämlich dass das Markersignal immer das Leckerchen ankündigt, nach 10 bis 15 Durchgängen verstanden haben.

Achtung: Sollte Ihr Pferd zu denen gehören, die fast die Boxentür abreißen, um an das Futter heranzukommen, beginnen Sie gleich von Anfang an mit einer Höflichkeitserziehung. Dazu konzentrieren Sie sich bitte auf das Pferd, das Sie aber nur in den Augenwinkeln sehen sollten. In dem Moment, wenn es sich gerade nicht anstellt, um an die Leckerchen zu kommen, geben Sie das Markersignal und füttern das Pferd. Dann wird auch sofort offensichtlich, wann es die Übung verstanden hat, denn es wird dann ruhig bleiben, um dieses magische Geräusch zu provozieren. Und Sie haben damit gleich zwei Fliegen mit einer Klappe geschlagen: Ihr Pferd hat die Bedeutung des Markers verstanden und gleichzeitig auch gelernt, dass es sich einigermaßen benehmen muss, um an die guten Sachen heranzukommen.

Extrem futtergierige Pferde sollten in der ersten Zeit der Ausbildung kein Futter aus der Hand bekommen, ohne dass Sie zuvor das Markersignal gegeben haben.

Der Mensch sagt das Lobwort, z.B. »Bingo«.

Das Pferd bekommt ein Leckerchen.

Sehr futtergierige Pferde werden zunächst hinter einer Absperrung trainiert, bis sie das Prinzip verstanden haben.

Achten Sie auch beim Füttern nach dem Lobwort oder Click darauf, dass das Pferd sich an die Anstandsregeln hält. Füttern Sie es auf Armeslänge Abstand zu Ihnen und nicht direkt an der Jackentasche. Das Einzige, worauf Sie hierbei achten müssen, ist, dass das Pferd keinen Erfolg hat, wenn es Ihnen etwas stehlen will. Selbst sehr futtergierige Pferde lernen innerhalb kurzer Zeit, dass sie sich an die Spielregeln halten müssen, um an das Futter zu kommen. Zeitangaben sind immer sehr schwierig und meistens von mehreren Faktoren abhängig. Hier möchte ich aber dennoch einen ungefähren Zeitraum angeben, damit klar wird, was ich mit »innerhalb kurzer Zeit« meine. Wenn das Pferd keinen Erfolg mit Stehlversuchen hat und der Mensch einigermaßen gut im Timing ist, müsste das Pferd spätestens nach einer halben Stunde anständig warten, bis es das Markersignal hört und es das Futter gereicht bekommt, ohne dass es selbst versucht, es sich zu nehmen. Gerade bei dieser ersten Aufgabe sollte man sehr ausführlich vorgehen, weil hier erfahrungsgemäß viele gute Vorsätze scheitern. Die Menschen bekommen Angst vor ihrem futtergierigen Pferd und denken dann doch an die längst überholte Meinung, man sollte in der Pferdeausbildung nicht mit Futter arbeiten. Mit wenigen kleinen Kniffen ist

Was lernt das Pferd? Was lernt der Mensch?

Das Pferd lernt mit dieser Übung, dass das Markersignal bedeutet: »Jetzt gibt es Futter!« Je versessener es auf das Futter ist, umso mehr wird es dieses Geräusch lieben. Wenn es sich um ein sehr futtergieriges Pferd handelt, soll es im Laufe dieser Übung auch schon lernen, dass es sich an gewisse Spielregeln halten muss, wenn es sein Futter haben will. Ein höfliches Pferd bedrängt seinen Menschen nicht, sondern steht ruhig und wartet ab, bis ihm das Futter gereicht wird. Das ist die Grundlage für jede spätere Arbeit mit Futterbelohnung.

Der Mensch lernt in dieser Übung eine Grundlage in der Verständigung. Das Markersignal bedeutet: Genau das war gut! Er wird jetzt schon und im Laufe der Zeit immer mehr lernen, sein Pferd gut zu beobachten, um erwünschtes Verhalten auf den Punkt genau zu belohnen. Bei einem futtergierigen Pferd lernt er, wie man sich und dem Pferd mit einfachen Managementmaßnahmen eine Menge Frust ersparen kann. Außerdem wird er feststellen, wie schnell das Pferd ein erwünschtes Verhalten zeigt, wenn es entsprechend belohnt wird.

Bob Bailey, ein sehr bekannte amerikanischer Tiertrainer, pflegte zu seinen Schülern immer zu sagen: »Ihr bekommt immer das, was ihr belohnt!«

aber dieser erste Schritt in der Ausbildung ein Kinderspiel. Und die Pferde lernen so schnell!

Target-Training

Wenn Sie feststellen, dass das Pferd die Übung verstanden hat, schließt gleich die nächste Übung an, nämlich das Target-Training. Es ist sinnvoll, dies gleich zu Anfang des Clickertrainings einzuführen, da Pferd und Mensch dabei schnell Erfolgserlebnisse haben. Bei einem Pferd, das nicht so futtergierig ist, also schon höflich wartet, bis es sein Leckerchen bekommt, können Sie ruhig nach 10 bis 15 Mal Markersignal mit Leckerchen mit dieser Übung beginnen, auch wenn Sie noch nicht deutlich erkannt haben, ob es schon weiß, worum es geht. Das macht dann nämlich diese Übung deutlich.

Target bedeutet Ziel. Das Pferd lernt jetzt, ein bestimmtes Ziel mit der Nase oder dem Maul zu berühren. Diese Übung ist die Grundlage für viele andere Übungen.

Das Verhalten, den Target mit der Nase zu berühren, wird über das freie Formen (siehe S. 52) trainiert. Für viele Clickertrainer ist genau das das Besondere am Clickertraining: Das Pferd erarbeitet sich die Übung selbst, ohne dass es eine andere Hilfe erhält als den Clicker. Wenn ich hier von Clicker oder Click rede, gehört das damit versprochene Leckerchen übrigens immer dazu! Und natürlich gilt das Ganze auch für das Lobwort.

Je besser Sie sich jetzt vorbereiten, desto schneller lernt das Tier, was Sie von ihm wollen. Nur wenige Minuten »Arbeit« reichen selbst bei Pferden, die noch nicht viel Erfahrung mit dem Clicker haben, oft schon aus, bis sie eine Ahnung davon bekommen. Ich sage bewusst »Ahnung«, denn in diesem Stadium kann man natürlich noch nicht sagen, das Pferd würde die Übung schon beherrschen.

Verschiedene Targets: Fliegenklatsche, Arm, selbstgebastelter Target aus einer Plastikflasche.

Die Haltung von Target und Clicker in einer Hand.

Als erster Target eignet sich im Pferdetraining eine Fliegenklatsche sehr gut. Sie besteht aus einem Stiel mit Griff und einer deutlich sichtbaren Spitze, und die soll das Pferd nun berühren lernen.

Bevor Sie diese Übung mit Ihrem Pferd ausprobieren, sollten Sie Ihr eigenes Timing bereits einmal ohne Pferd mit einem menschlichen Trainingspartner trainiert haben. Zur Vorbereitung nehmen Sie Clicker und Target in die eine und Leckerchen in die andere Hand. Achten Sie darauf, dass Sie bei Betätigung des Clickers nicht mit dem Target »ausschlagen«. Am besten haben Sie einen Finger zwischen Clicker und Target.

Bitten Sie nun einen Freund, sich als Ihr »Pferd« zur Verfügung zu stellen. Er soll Ihnen dabei helfen, dass Sie ihm den Target nur dann hinhalten, wenn Sie voll konzentriert sind und Sie genau dann clicken, wenn er die Targetspitze berührt. Nach dem Click bekommt das »Pferd« sein Leckerchen und der Target verschwindet, indem Sie ihn hinter Ihren Rücken halten. Für den nächsten Versuch nehmen Sie den Target erst dann wieder nach vorne, wenn das »Pferd« ausgekaut hat und sich wieder konzentrieren kann.

Wenn Sie mit diesem Übungsablauf vertraut sind, können Sie zu Ihrem wirklichen Pferd gehen. Vielleicht bitten Sie Ihren Freund, die ersten Versuche zu beobachten, um Sie gegebenenfalls noch zu korrigieren.

Jetzt werden Sie feststellen, wie schnell Ihr Tier versteht, worum es geht. Aus seiner Sicht braucht es ja nur die Targetspitze zu berühren, um Sie zur Herausgabe einer Belohnung zu bewegen. Dabei kommt uns die angeborene Neugier der Pferde sehr zu Hilfe. Wenn sie keine Angst haben, wollen sie ja eigentlich alles genauestens untersuchen.

Es empfiehlt sich, eine »Trockenübung« mit einem menschlichen Trainingspartner zu machen.

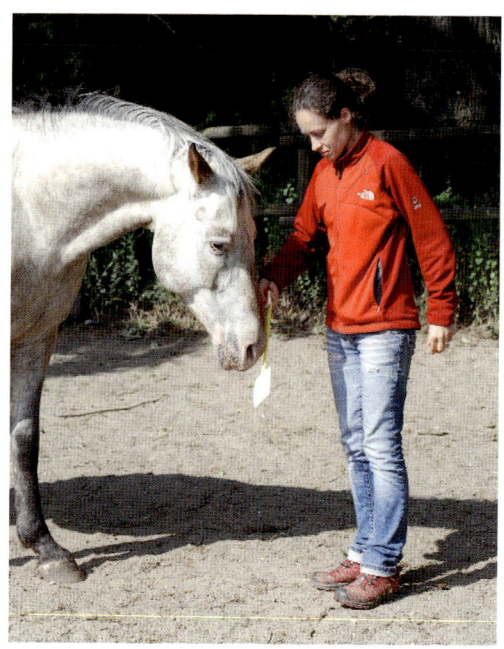

Genau in dem Moment gibt es den Click, der Target verschwindet und das Pferd bekommt ein Leckerchen.

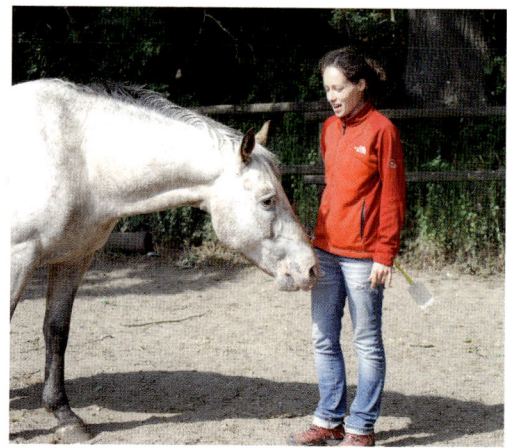

Als nächstes wird das Signal »Touch« eingeführt, bevor der Target gezeigt wird, damit es nicht zu einer Überschattung kommt.

Erst wenn man dann das gewünschte Verhalten erreicht hat, kommt das zugehörige Kommando dazu, oder besser gesagt, »lernt das Pferd die entsprechende Vokabel«. Denn erst wenn es ein bestimmtes Verhalten zeigt, kann ich ihm auch deutlich machen, wie das »auf Menschensprache« heißt. Wenn es die Vokabel gelernt hat, wird es das Verhalten auch ausführen, wenn ich es verlange, vorausgesetzt ich motiviere es genügend, das für mich zu tun.

Ein beim Target-Training gern verwendetes Kommando ist »Touch«. Früher habe ich immer gemeckert, wenn ich z.B. Jäger hörte, die ihren Hunden englische Kommandos gaben. Doch mittlerweile tue ich das auch, denn im Sinne

einer guten Verständigung haben englische (oder auch sonstige anderssprachige) Kommandos durchaus ihre Vorteile. Der Vorteil ist einfach der, dass wir diese Worte viel bewusster anwenden als die Worte unserer Muttersprache, die einem oft viel zu leicht über die Lippen kommen. Anderssprachige Kommandos werden nur in dem entsprechenden Zusammenhang benutzt. Würde man z.B. »Ziel« als Kommando nehmen, steht man garantiert irgendwann in Hörweite des Pferdes und redet irgendetwas im Sinne von »Wir haben unser Ziel erreicht« oder ähnliches. Das Pferd hört sein Kommando, soll aber gar nichts tun. Beim nächsten Mal hört es wieder dieses Wort und soll etwas tun. Das ist sehr verwirrend. Wählen Sie daher für die Verständigung mit Ihrem Pferd solche Signale, die eindeutig sind und die nicht schon eine andere Bedeutung haben.

Wenn das Pferd mindestens ein halbes Dutzend Male die Fliegenklatsche berührt hat und Sie sich

Die Übung wird schrittweise schwieriger gemacht.

Was lernt das Pferd? Was lernt der Mensch?

Das Pferd lernt bei dieser Übung, dass es sich lohnt, den Target zu berühren, denn immer, wenn es mit der Nase an dieses Ding kommt, ertönt dieses wundervolle Click-Geräusch und der Mensch rückt eine Belohnung heraus. Das Pferd bekommt Spaß an diesem Spiel, denn es weiß ziemlich schnell, wie es seinen Menschen dazu bringt, dass er clicken muss. Es hat aus seiner Sicht alles im Griff, weshalb es besonders viel Freude an diesem Spiel hat.

Der Mensch übt sich bei dieser Aufgabe immer mehr in seinem Timing. Das Pferd kann die Übung nur dann verstehen, wenn der Click auch in dem Moment kommt, in dem es den Target berührt und nicht einen Augenblick früher oder später. Auch wenn das anfangs vielleicht noch nicht perfekt klappt, wird der Mensch es deutlich merken, wenn sein Timing schlecht war und es mit jedem Mal verbessern.

Der Mensch lernt außerdem die Grundlagen der instrumentellen Konditionierung kennen. Das bedeutet, ein Lebewesen lernt an den Folgen seines Tuns. Es hat für das Pferd angenehme Folgen, den Target zu berühren, also wird es das gerne wieder machen.

sicher sind, dass es die Übung verstanden hat, geben Sie kurz bevor Sie ihm den Target wieder hinhalten das Signal »Touch«. Denken Sie daran, dass es sich anfangs wirklich um ein Vokabellernen handelt. Um sicher zu sein, dass das Pferd diese Vokabel wirklich gelernt hat, sollten Sie ihm schon einige Hundert Wiederholungen gönnen. Beginnen Sie gleichzeitig mit dem Einführen des Signals damit, die Übung immer ein wenig abzuwandeln. Das macht sie für das Pferd zum einen spannend, weil sich die Anforderungen immer wieder minimal ändern, zum anderen wird dadurch das Konzept, das es lernen soll, immer deutlicher. So soll es in diesem Beispiel lernen, die Fliegenklatsche mit der Nase zu berühren. Dabei soll es egal sein, in welcher Höhe diese sich befin-

det. Variieren Sie also die Höhe. Außerdem soll es egal sein, wo Sie sich relativ zum Pferd befinden. Stellen Sie sich also mal rechts, mal links neben oder auch mal vor Ihr Pferd. Befestigen Sie den

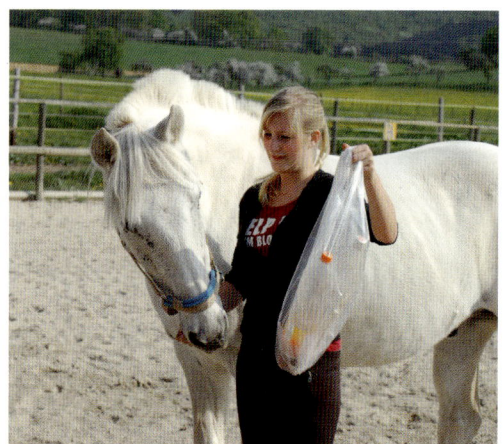

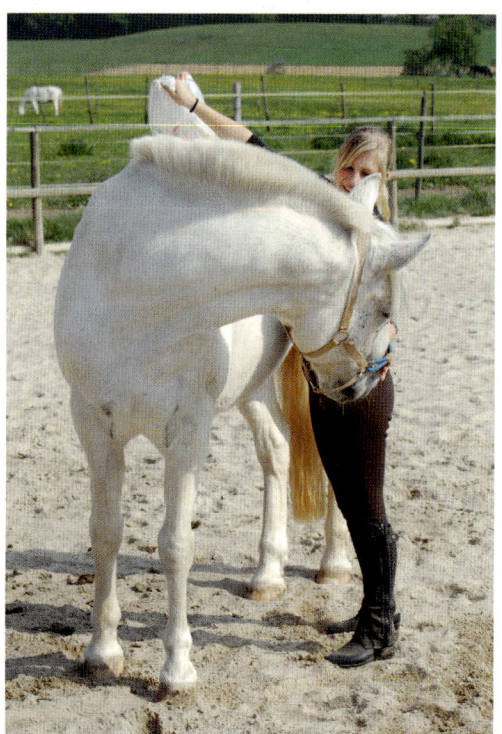

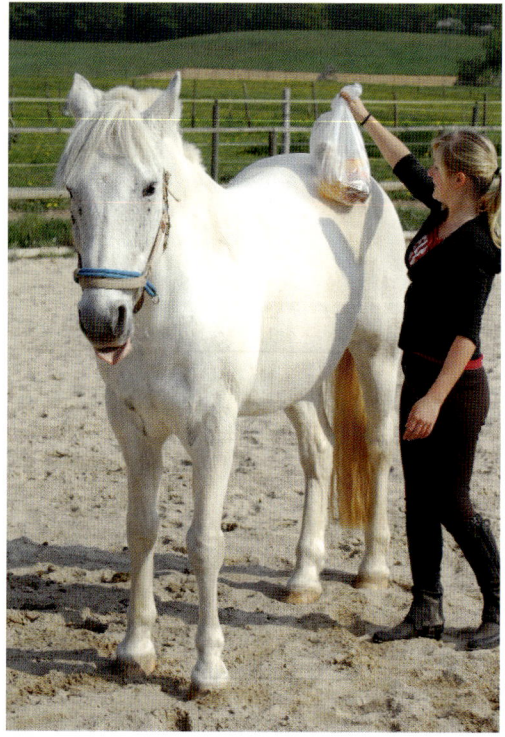

Desensibilisieren mit Rappeltüte. Das Pferd ist frei und kann jederzeit gehen.

Target auch mal irgendwo, so dass Sie sich einige Schritte entfernen können.

Üben Sie an unterschiedlichen Stellen. Merken Sie sich als Faustregel, dass Sie jedes Verhalten mindestens zehn Mal, immer leicht abgewandelt, an zehn verschiedenen Stellen üben. Die ersten drei bis vier Stellen brauchen nur einige Meter auseinander zu liegen.

Vielleicht können Sie den Target auch mal irgendwo befestigen, ohne dass das Pferd das sieht. Auf Ihr Signal hin müsste es sich dann auf die Suche nach dem Target machen. Wenn das klappt, hat es die Übung und das Signal wirklich verstanden, und Sie haben einiges in Sachen Timing und systematischem Übungsaufbau gelernt.

Desensibilisieren mit dem Clicker

Pferde sind von ihrer Natur her Fluchttiere (siehe Seite 10). Sie fliehen vor allem, was ihnen gefährlich erscheint. Dabei kommt es sehr stark auf ihre Sichtweise an. Es nutzt gar nichts, dass man als Mensch bestimmte Dinge vollkommen ungefährlich findet. Um eine entspannte Lernatmosphäre aufzubauen, sollten sich keine »gefährlichen« Dinge in unmittelbarer Umgebung befinden. Aus Sicht des Pferdes könnten selbst so banale Dinge wie ein Striegel, ein Strick oder eine Decke gefährlich sein. Eine Möglichkeit, das Pferd an solche angsteinflößenden Dinge zu gewöhnen, ist das systematische Desensibilisieren. Dabei nähert man sich dem furchteinflößenden Gegenstand mit dem Pferd nur so weit, dass es noch entspannt bleiben kann. Für dieses Entspanntsein gibt es einen Click und eine Belohnung.

Alternativ kann das Pferd sich auch selbstständig dem gefürchteten Gegenstand nähern. Dabei kommt uns entgegen, dass Pferde sehr neugierige Tiere sind. Meist drehen sie sich selbst auf der Flucht in sicherer Entfernung um, um erst einmal zu sehen, vor was sie da weggelaufen sind.

Als erster Schritt wird schon dieses Schauen belohnt, dann ein schrittweises Nähern, bis das Pferd dem Gegenstand ganz nahe ist, ohne sich zu fürchten. Danach können Sie den Gegenstand in die Hand nehmen und sich dem Pferd schrittweise nähern. Anschließend wird es nach und nach an allen Körperstellen berührt und bekommt immer, wenn es still hält, den Click und die Belohnung, bis es letztendlich in allen Situationen mit diesem einen Gegenstand völlig entspannt ist.

Sollte das Pferd an irgendeiner Stelle der Ausbildung doch Angst bekommen und wegspringen, war der Schritt, den Sie verlangt haben, zu groß. Sie sollten also mehrere Zwischenschritte ins Training einbauen, um Ihrem Pferd Erfolgserlebnisse zu verschaffen. Eine sehr gute Belohnung ist außer dem Leckerchen auch ein Entfernen von dem furchteinflößenden Objekt. Lassen Sie das Pferd also nach dem Click immer etwas zurück gehen und geben ihm dabei das Leckerchen. Dann kann es sich wieder neu annähern.

Nehmen wir als Beispiel das Pferd, das sich nicht hinter den Ohren anfassen lässt. Manche Pferde sind einfach kitzelig, manche haben auch eine schlechte Erfahrung gemacht. So ist es z.B. bei Arabern oft üblich, die Mähne hinter den Ohren wegzuschneiden. Dabei kann es vorkommen, dass das Pferd mit der Schere mehr oder weniger stark gepiekst wird, was dann dazu führt, dass es sich nicht mehr gerne an dieser Stelle berühren lässt.

Zunächst suchen wir uns eine sicherere Ausgangsbasis. Die meisten Pferde lassen sich z.B. ohne Probleme an der Schulter anfassen. Dafür

Viele Pferde lassen sich nicht gerne an den Ohren anfassen.

Man fängt bei einer Stelle an, die für das Pferd in Ordnung ist und arbeitet sich von da in kleinen Schritten zu den Ohren.

gibt es einen Click und ein Leckerchen. Dann rutscht die Hand zehn Zentimeter in Richtung Ohren. Click – Leckerchen. Dann wieder zehn Zentimeter, usw. Gehen Sie immer nur so weit vor, dass das Pferd noch entspannt bleibt! Im Zweifelsfalle verkleinern Sie die Schritte, je näher Sie den Ohren kommen. Normalerweise haben die Pferde schnell Spaß an diesem Spielchen. Aus ihrer Sicht sind das zumindest anfangs leicht verdiente Leckerchen. Wenn es dann näher zu den Ohren geht, sind sie schon so vertraut mit der Übung, dass sie ganz vergessen, dass sie ja sonst in dieser Situation immer gescheut haben.

In jeder einzelnen Übungseinheit wiederholen Sie die letzten Übungsschritte und gehen dann noch etwas weiter. Schaffen Sie es in der ersten Übungseinheit schon, das Pferd hinter den Ohren zu berühren, beginnen Sie in der nächsten Übungseinheit in der Halsmitte und arbeiten sich dann wieder vor. Diesmal werden Sie schnell wieder hinter den Ohren sein. Wechseln Sie die Hand, wechseln Sie dann die Richtungen, aus denen sich die Hand nähert. Außerdem können Sie auch allmählich die Geschwindigkeit ändern, mit der Sie sich der Stelle hinter den Ohren nähern. So wird das Pferd immer sicherer mit diesem Vorgang und irgendwann ist es das Selbstverständlichste von der Welt, dass es dort angefasst wird.

Das Tempo wird wieder das Pferd bestimmen. Sie können es teilweise beschleunigen, indem Sie die Schritte möglichst klein machen. So geht man sicher, das Pferd nicht zu überfordern und verschafft ihm viele Erfolgserlebnisse, die es motivieren, weiter mitzumachen.

Es gibt inzwischen übrigens Forschungsergebnisse, die zeigen, dass Pferde viel schneller die Angst vor furchteinflößenden Situationen verlie-

Was lernt das Pferd? Was lernt der Mensch?

Das Pferd lernt, dass die unterschiedlichsten Dinge gar nicht so schlimm sind und dass es immer alles unter Kontrolle hat. So wird es mit der Zeit mutiger und lässt sich von immer weniger Dingen erschrecken.
Der Mensch lernt die Prinzipien des systematischen Desensibilisierens. Er lernt außerdem, dass viele Dinge, die für uns selbstverständlich sind, es für die Pferde eben nicht sind. Aber mit dieser Vorgehensweise sind selbst anscheinend schlimme Dinge schnell kein Problem mehr.

ren, wenn sie selbst aktiv daran beteiligt sind, als wenn sie bei der ganzen Aktion nur eine passive Rolle spielen, wie es bei der reinen systematischen Desensibilisierung der Fall ist.

Gute Manieren

Jedes Pferd sollte bestimmte Dinge ganz selbstverständlich können. So gehört es einfach zu den Benimmregeln für Pferde, dass sie kommen, wenn man sie ruft, sich ein Halfter anziehen lassen, (angebunden) stehen bleiben können, sich putzen lassen, die Hufe hergeben und sie auch vom Hufschmied bearbeiten lassen. Obwohl diese Dinge selbstverständlich sein sollten, hapert es da doch oft ganz gewaltig. Und was soll man irgendwelche Kunststücke mit dem Pferd trainieren, wo doch eigentlich viel wichtigere Übungen anstehen? Damit fangen wir jetzt

an, und Sie merken, dass der Clicker auch für wirklich ernsthafte Dinge geeignet ist, nicht nur für irgendwelche Spielereien, was leider oft ein großes Vorurteil gegenüber dem Clickertraining ist.

Halfter anziehen

Zunächst ist bei solchen Übungen eine Bestandsaufnahme wichtig: Wo fange ich an und wo möchte ich gerne hin? Kommt Ihr Pferd Ihnen freundlich entgegen, wenn Sie sich seiner Box nähern? Ist es eher gleichgültig? Versucht es zu entkommen? Ist es gar noch aggressiv dabei? Beim Anziehen des Halfters: Nimmt es den Kopf nach unten und steckt ihn freiwillig in das Halfter? Versucht es auszuweichen und hält keine Ruhe? Streckt es den Kopf nach oben?
Welche Vorstellungen haben Sie von einem perfekten Halfteranziehen? Wie genau soll Ihr Pferd sich verhalten? Was müssen Sie machen? Versuchen Sie bitte, das so genau wie möglich zu definieren. In dieser Übung werde ich Ihnen noch ein Beispiel vorgeben. Später müssen Sie sich diese Gedanken selber machen. Je genauer Sie sich das Verhalten des Pferdes vorstellen und es in Worte fassen können, desto schneller werden Sie im Training an Ihr Ziel kommen. Sie müssen dabei nur eine Regel beachten: Stellen Sie sich die Einzelheiten vor, wie sie sein sollen und nicht, wie sie nicht sein sollen. Beispiel: »Ich möchte, dass mein Pferd ruhig stehen bleibt« und nicht: »Ich möchte, dass mein Pferd nicht herumzappelt«. Das hilft Ihnen, sich auf die wirklich wesentlichen Dinge zu konzentrieren. Die unerwünschten Bestandteile des Verhaltens sollen Sie ohnehin immer mehr zu ignorieren lernen.

Wie also sieht ein Pferd aus, das sich perfekt ein Halfter anziehen lässt?

Reagiert Ihr Pferd so auf das Anziehen des Halfters, ist dringend Training angesagt.

■ Das Pferd kommt mir freundlich entgegen, wenn ich mich ihm nähere.

■ Es bleibt ruhig stehen, wenn ich mich mit dem Halfter in der Hand an seine Halsseite stelle.

■ Wenn ich ihm das geöffnete Nasenstück des Halfters hinhalte, steckt es von sich aus sofort seine Nase durch.

■ Es senkt den Kopf soweit, dass ich das Halfter bequem über die Ohren führen kann.

■ Es hält den Kopf auch noch so lange ruhig, bis ich das Halfter geschlossen und den Führstrick eingehakt habe.

Nun überprüfen Sie: Wie weit ist Ihr Pferd von diesem Ideal entfernt? Und genau an den entsprechenden Punkten müssen Sie einsetzen.

Punkt 1: Sie nähern sich der Box, das Pferd legt die Ohren an und dreht Ihnen sein Hinterteil zu. Bleiben Sie vor der Box stehen und ignorieren Sie dieses Verhalten. Ignorieren bedeutet, dass Sie das Pferd nicht ansprechen, nicht ansehen und es nicht berühren. Im Augenwinkel sollten Sie es natürlich betrachten. Schließlich müssen Sie nach einem erwünschten Verhalten Ausschau halten. Ein solch erwünschtes Verhalten könnte in diesem Moment sein, dass es Ihnen den Kopf zuwendet. Es könnte auch sein, dass es nur ein Ohr nach vorne stellt. Nehmen Sie das, was das Pferd Ihnen anbietet. Haben Sie Geduld. Es wird nicht ewig mit angelegten Ohren stehen bleiben. Geht ein Ohr nach vorne: Click! Werfen Sie ihm ein Leckerchen in seinen Futtertrog. Dreht es sich um, um sich seine Belohnung zu nehmen, können Sie direkt wieder clicken und ein weiteres Leckerchen zugeben.

Bleibt es hingegen noch mit dem Kopf in der anderen Ecke stehen, macht das nichts. Beobachten Sie es weiter. Sobald wieder ein Ohr nach vorne geht, gibt es einen Click, und ein weiteres Leckerchen fällt in den Trog. Sind die Leckerchen gut genug, wird es sich schon irgendwann überwinden und sich umdrehen. Hat es allerdings wirklich Panik, wenn sich jemand der Box nähert, könnte die schönste Belohnung sein, dass Sie sich nach dem Click entfernen. Mit der Zeit wird das Pferd immer sicherer. Es wird ein Ohr nach vorne strecken, damit Sie clicken und zurückgehen. Irgendwann reicht Ihnen das eine Ohr nicht mehr. Sie bestimmen jetzt die Spielregel, dass zwei Ohren nach vorne stehen müssen, bevor es einen Click gibt. Mit vorgestellten Ohren ändert sich auch die Grundeinstellung des Pferdes. Es wird Ihnen früher oder später den Kopf zudrehen und mit der Zeit gerne Futter als Belohnung annehmen.

Sie bestimmen also immer die Spielregeln, d.h. die Voraussetzungen, die erfüllt sein müssen, damit es eine Belohnung gibt: Zuerst ein Ohr nach vorne gestellt, dann zwei Ohren, dann der Kopf in Ihre Richtung gewandt, als nächstes ein Schritt in Ihre Richtung, zwei Schritte, bis es Ihnen freundlich entgegenkommt, wenn Sie sich ihm nähern. Bis jetzt stehen Sie bei dieser Übung immer noch vor der Box, die Tür ist geschlossen, es kann nichts passieren. Sollten Sie es mit einem sehr aggressiven Pferd zu tun haben, brauchen Sie noch nicht einmal durch die Boxenstangen zu greifen, um das Futter in den Trog zu werfen. Da kann man sich auch mit einem Schöpflöffel behelfen und ist damit immer auf der sicheren Seite.

Punkt 2: Steht das Pferd dann mit freundlich nach vorne gestellten Ohren vor Ihnen, sind Sie

So soll es aussehen: Das Pferd steckt seinen Kopf freiwillig ins Halfter.

fertig für den nächsten Trainingsschritt, dessen Ziel es ist, dass Sie ruhig mit dem Halfter in der Hand neben das Pferd treten und es dabei ruhig und freundlich stehen bleibt.

Punkt 3: Halten Sie dem Pferd das Halfter hin und belohnen Sie zunächst wie beim Targettraining jede Annäherung. Dann öffnen Sie den Nasenriemen als Ring, clicken die Annäherung und füttern, so dass der Nasenriemen des Halfters schon auf der Pferdenase liegt. Nach einigen Wiederholungen gibt es erst an diesem Punkt den Click bzw. das Markersignal. Das Pferd muss also immer mehr machen, um sich die Belohnung zu verdienen.

Clicken Sie, sobald das Pferd in der Box die Ohren nach vorne stellt.

**Was lernt das Pferd?
Was lernt der Mensch?**

Das Pferd lernt in dieser Übung, sich willig das Halfter anziehen zu lassen. Es ist dem Menschen sogar dabei behilflich. Der Mensch lernt, sich über Trainingsziele Gedanken zu machen. Wo will ich hin? Wie soll das Verhalten des Pferdes am Ende aussehen? Denn wenn ich nicht weiß, wohin ich möchte, führt kein Weg dahin. Wo steht das Pferd jetzt? An welcher Stelle muss ich das Training beginnen?

Punkt 4: Als nächstes belohnen Sie das Pferd noch dafür, dass es den Kopf gesenkt hält, wenn Sie das Halfter über die Ohren ziehen. Eventuell können Sie als Zwischenschritt die Übung »Anfassen der Ohren« (S. 75) einfügen.
Haben Sie bei allen Trainingschritten immer das Ideal vor Augen und belohnen Sie alles, was in diese Richtung geht.

Stehen

Erinnern Sie sich an das Lerngesetz, dass Sachen, die sich nicht lohnen, immer weniger gezeigt werden. Wir Menschen neigen aber dazu, nettes, freundliches Verhalten für selbstverständlich zu nehmen und auf unerwünschtes Verhalten zu reagieren. Erinnern wir uns noch mal an Bonny, deren Besitzerin immer beruhigend auf das Pferd einspricht, wenn es herumzappelt. »Ist ja gut, bleib schön stehen.« Das »Ist ja gut« wird Bonny »wörtlich« nehmen. Diese Aufmerksamkeit gefällt ihr. Also wird sie weiter zappeln. Ich hatte auch schon erwähnt, dass die Pferde Schimpfen oft als Belohnung ansehen, weil das Aufmerksamkeit bedeutet.

In einer Trainingsstunde hatte ich einmal ein sehr schönes Beispiel über die Wirksamkeit der Ausbildung über die positive Verstärkung. Eine Frau war mit ihrem Pferd zum Training gekommen. Sie hatte einen Partner mitgebracht, der sie auf dem Ritt zu mir begleitete, der aber nicht am Training teilnehmen wollte. Nun waren also zwei

Pferde sollten jederzeit ruhig am Anbinder stehen.

Pferde das erste Mal auf unserem Hof. Das eine, ein Brauner, stand mit seiner Besitzerin auf dem kleinen Reitplatz, das andere, ein Fuchs, mit seinem Besitzer davor. Wir konditionierten den Braunen auf den Clicker und fingen mit dem Target-Training an. Das klappte sehr gut. Bevor wir irgendetwas anderes trainieren konnten, stand erst einmal das ruhige Stehen auf dem Programm. Das konnte der Braune nämlich gar nicht. Inzwischen wurde es auch dem Fuchs vor dem Reitplatz zu langweilig und er fing an herumzutänzeln. Sein Besitzer reagierte, wie es oft üblich ist. Er ruckte an den Zügeln und sagte streng »Steh«.

Der Braune auf dem Reitplatz bekam einen Click und ein Leckerchen, wann immer er auch nur für kurze Zeit ruhig stehen blieb. Er hampelte immer weniger. Die Zeitabschnitte, in denen er ruhig blieb, wurden immer länger. Der Fuchs hingegen wurde immer nervöser. Durch das Gerucke an der Trense bekam er deutlich Stress. Sein Besitzer wurde ebenfalls immer nervöser und heftiger in seinen Reaktionen, weil das »blöde Pferd« nicht ruhig stehen bleiben konnte.

Das war ein schönes Beispiel für eine funktionierende Kommunikation zwischen dem Braunen und seiner Besitzerin. Dieser verstand nach einiger Zeit, worauf es ankam. Der Fuchs und sein

Es hat seine Vorteile, wenn man das Pferd auch unangebunden fertig machen kann.

Besitzer boten ein Beispiel für nicht funktionierende Kommunikation. Hätte das Pferd verstanden, was von ihm erwartet wurde, hätte es auch ruhiger werden müssen. Es verstand jedoch gar nichts. Aus seiner Sicht war sein Mensch grundlos aggressiv, was in keiner Weise dazu beitrug, dass es sich entspannen konnte, um endlich ruhig zu stehen.

Bei der Übung für das Stehenbleiben ist es also wieder wichtig, dass Sie sich möglichst genau ausmalen, was Ihr Pferd dabei machen soll. Und genau das sollen Sie belohnen. Schenken Sie dem Pferd Ihre Aufmerksamkeit, wenn es sich in der gewünschten Weise verhält. Ignorieren Sie jedes Herumhampeln. Ignorieren bedeutet: nicht angucken, nicht ansprechen und nicht anfassen.

Manchmal bedeutet das beim Pferd, dass man z.B.

die Box verlässt oder den Paddock, auf dem das Pferd steht. Drehen Sie dem Pferd kurz den Rücken zu und versuchen Sie es dann noch einmal.

Das ruhige Stehen ist eine der Basisaufgaben, die jedes Pferd lernen sollte. Entsprechend häufig sollten Sie das Pferd für das Stehen belohnen. Steht es schon eine Weile schön still, können Sie ein Kommando für dieses Verhalten einführen. Das Pferd lernt also die Vokabel für das Stehen, z.B. »Steh«. Wichtig ist, dass Sie dieses Wort immer nur dann sagen, wenn das Pferd auch wirklich steht, denn nur dann kann es das Richtige verknüpfen.

Wenn Sie jeden Tag üben, nehmen Sie sich für dieses Vokabellernen ruhig drei Monate Zeit. In diesen drei Monaten sagen Sie immer »Steh«, wenn Ihr Pferd schön ruhig steht. Dann wird es

Auch Stehen unter Ablenkung muss trainiert werden, wenn man es von seinem Pferd erwartet.

natürlich auch belohnt. Wenn es herumtänzelt, wird es nicht beachtet. Haben Sie dem Pferd drei Monate Zeit gegeben, diese Vokabel zu lernen, können Sie anschließend einmal versuchen, ob das Pferd schon verstanden hat, was das Wörtchen »Steh« heißt. Wenn es tänzelt, geben Sie das Kommando. Bleibt es daraufhin ruhig stehen, haben Sie gute Arbeit geleistet. Sie waren gut im Timing und Ihr Pferd hat das Richtige verknüpft. Herzlichen Glückwunsch! Belohnen Sie das Pferd ganz besonders dafür und sich selbst vielleicht auch. Das haben Sie sich verdient.

Jetzt können Sie das Kommando im Alltag einsetzen. Sie müssen es noch unter allen möglichen Ablenkungen trainieren. Es ist nämlich für das Pferd nicht dasselbe, ob es stehen bleibt, wenn rundherum nichts los ist oder wenn gerade eine Horde Kinder an ihm vorbeiläuft.

Sollte das Pferd nach drei Monaten Vokabellernen noch nicht auf Signal stehen bleiben, bleibt Ihnen nichts anderes übrig, als weiter zu trainieren. Es sind nicht alle Pferde gleich schnell im Lernen. Vielleicht lassen Sie auch mal von einem Freund überprüfen, ob Ihr Timing stimmt, d.h. ob Sie das Kommando auch dann geben, wenn das Pferd schön steht, und ob das Pferd das Stehen an sich schon verstanden hat. Haben Sie immer das richtige Verhalten verstärkt? Oder haben Sie dem Pferd unbewusst doch Aufmerksamkeit geschenkt, wenn es herumgetänzelt hat, und es dadurch belohnt? Es lohnt sich im Training, immer wieder zu hinterfragen, ob man

Mit der Fußmatte kann man dem Pferd die Aufgabe des Stehens oft besser verdeutlichen.

noch auf dem richtigen Weg ist und ob man sich dem Trainingsziel wirklich nähert.

Eine sehr schöne Hilfe für das Stehenbleiben ist eine Fußmatte. Das Pferd soll sich mit seinen Vorderhufen auf die Matte stellen und stehen bleiben. Das macht die Übung deswegen einfacher, weil sowohl das Pferd als auch der Mensch etwas Greifbareres haben, was belohnt werden kann, denn beim reinen Stehenbleiben wird ja eigentlich die Abwesenheit von jedem anderen Verhalten belohnt. Das ist für die Pferde oft schwierig zu verstehen. Sollen sie sich hingegen auf eine Matte stellen, ist das schnell gelernt. Die Matte hat den Vorteil, dass das Pferd dann auch an neuen Orten schnell wieder daran erinnert wird, auf was es ankommt.

Was lernt das Pferd? Was lernt der Mensch?

Das Pferd lernt bei dieser Übung, still und entspannt zu stehen, denn genau das wird belohnt. Es lernt im Laufe der Zeit, dass das menschliche Wort dafür »Steh« heißt.

Der Mensch lernt, ein Kommando einzuführen. Er bringt dem Pferd die Vokabel »Steh« bei, indem er dieses Wort immer dann sagt, wenn das Pferd schön ruhig steht, also unmittelbar vor der Belohnung.

Sie müssen das Pferd belohnen, bevor es sich bewegt, damit es lernen kann, was Sie von ihm wollen.

Bleiben

Aus dem Stehen kann man auch gut das Bleiben trainieren. Dabei soll das Pferd an Ort und Stelle warten, auch wenn Sie sich entfernen. Da Pferde sehr gut auf unsere Körpersprache achten, empfehle ich Ihnen, dieses Verhalten von Anfang an mit einem deutlichen Signal zu verknüpfen. Auf dem Foto sind die weggestreckten Arme das Signal zum Stehenbleiben. Sie können als Signal auch den Anbindestrick zu Boden fallen lassen.

Schritt 1: Ihr Pferd kennt schon das Stehenbleiben, wenn Sie neben ihm stehen. Nun geben Sie das Bleib-Signal und machen einen kleinen Schritt zur Seite. Geben Sie das Markersignal und belohnen Sie das Pferd, *bevor* es sich bewegt. Das ist jetzt ganz entscheidend. Sie sollten sich nicht so weit bewegen, dass das Pferd Ihnen vielleicht nachkommen will, sondern Ihre Aufgabe ist es, immer dafür zu sorgen, dass das Markersignal da ist, bevor das Pferd sich bewegt. Hier leistet uns wieder der Clicker (oder auch das Lobwort) beste Dienste. Würde man nämlich nur mit Belohnung ohne Markersignal arbeiten, wäre die Gefahr groß, dass sich das Pferd doch bewegt, bis es die Belohnung hat. Ein ständiges Korrigieren, wenn sich das Pferd bewegt hat, ist aus Sicht des Pferdes übrigens auch eine Belohnung für das Bewegen. Das gilt besonders, wenn Sie sich später größere Strecken entfernen.

Aber noch sind wir bei einem Schritt. Bewegen Sie sich also einen Schritt und belohnen Sie das Pferd für das Stehenbleiben. Wiederholen Sie das von Anfang an in verschiedene Richtungen. Mal

Auch der herunterhängende Strick kann ein Signal für das Stehenbleiben sein.

bewegen Sie sich vor dem Pferd einen Schritt rückwärts, Sie sehen das Pferd also dabei an. Mal gehen Sie neben ihm einen Schritt zurück, mal links, mal rechts und mal entfernen Sie sich einen Schritt, ohne das Pferd anzusehen. Sie sollten es nur im Augenwinkel haben, damit Sie rechtzeitig belohnen.

Schritt 2: Allmählich steigern Sie jetzt die Entfernung. Gehen Sie dabei allerdings nicht immer weiter weg, sondern seien Sie variabel. Beim ersten Mal gehen Sie zwei Schritte, beim nächsten Mal einen, dann drei, dann vier, dann einen, dann zwei, usw. Das Pferd sollte nie vorhersagen können, wie viele Schritte Sie gehen. Steigern Sie

die Entfernung also nur im Durchschnitt. Selbst wenn Sie sich schon 30 Schritte entfernen können, belohnen Sie das Pferd auch mal wieder nach nur einem Schritt. Damit sorgen Sie beim Pferd für eine hohe Motivation, auch wirklich stehen zu bleiben, denn bei jedem Schritt könnte ja die Belohnung kommen. In diesem zweiten Schritt entfernen Sie sich bitte nur so weit, dass Ihr Pferd Sie immer gut sehen kann.

Schritt 3: Sie achten weiterhin darauf, das Pferd immer zu belohnen, solange es noch steht. Wenn es schon den Gedanken gefasst hat, sich jeden Augenblick zu bewegen, dann kommt die Belohnung zu spät. Jetzt gehen Sie so weit, dass Ihr

> ### Was lernt das Pferd?
> ### Was lernt der Mensch?
>
> *Das Pferd lernt, entspannt an einer Stelle zu bleiben, auch wenn der Mensch sich entfernt. Das kann je nach Training auch über längere Zeit und außer Sicht sein.*
>
> *Der Mensch lernt, dass er variabel sein muss, wenn er eine bestimmte Zeitdauer und/oder Entfernung trainieren will. Außerdem lernt er, dass man immer nur an einem Kriterium arbeitet. Und er lernt immer deutlicher, dass das Pferd eigentlich keine Fehler machen kann, denn die Aufgabe des Menschen ist es, das Pferd zu belohnen, bevor es sich bewegt! Also kann wenn überhaupt nur der Mensch Fehler machen.*

Pferd Sie nicht mehr sieht. Sie können für den Anfang hinten um das Pferd herumgehen. Wenn Sie später ganz außer Sicht arbeiten, ist es wichtig, dass Sie einen Helfer haben, der das Pferd beobachten kann, damit Sie auch dann noch zum richtigen Zeitpunkt belohnen können.

Schritt 4: Bis jetzt haben Sie nur die Entfernung trainiert, die Sie variabel verändern sollten. Im nächsten Schritt wird die Entfernung noch einmal außer Acht gelassen und Sie trainieren die Zeitdauer, die das Pferd stehen bleibt. Dabei können Sie ruhig recht nahe beim Pferd stehen. Genauso wie die Entfernung variabel verändert wurde, machen Sie es jetzt mit der Zeitdauer.

Wichtig ist, dass Sie belohnen, bevor das Pferd sich bewegt oder auch nur daran denkt, sich jeden Augenblick zu bewegen. Und es ist wichtig, dass Sie ganz variabel in der Zeit sind. Am besten zählen Sie die Sekunden im Kopf mit. Wir Menschen verfallen sehr schnell in einen bestimmten Rhythmus, wenn wir nicht bewusst darauf achten. Dann belohnt man beispielsweise immer alle zehn Sekunden. Das ist aber nicht der Sinn der Sache, sondern Sie sollten wirklich die Zeitdauer variieren.

Schritt 5: Wenn das Pferd eine Weile stehen kann, sagen wir mal zehn Minuten, wenn Sie dabei stehen, dann können Sie Entfernung und Zeitdauer in diesem Schritt zusammennehmen.
Mit diesem systematischen Training können Sie relativ schnell erreichen, dass das Pferd auch unangebunden gut alleine stehen bleibt. Diese Übung ist natürlich auch eine gute Vorbereitung für das Angebundenwerden, falls ein Pferd das noch nicht kennt.

Putzen

Für manche Pferde ist die Bürste in der Hand des Menschen schon etwas Bedrohliches. Hier hilft wieder das systematische Desensibilisieren (siehe S. 75). Wenn nötig machen Sie das mit allen Gegenständen, die Sie zum Putzen brauchen, angefangen von der Bürste über den Staubsauger bis zum Wasserschlauch.
Ich kenne Pferde, die regelmäßig im Winter geschoren werden und dafür immer sediert werden müssen. Das wäre nicht notwendig, wenn sich einmal jemand die Zeit nehmen würde, eine systematische Desensibilisierung durchzuführen. Für diese Aufgabe wenden wir zwei schon bekannte Übungen an, einerseits das systematische Desensibilisieren, andererseits das ruhige

Entspanntes Stehen beim Staubsauger kann man in kleinen Schritten trainieren.

Was lernt das Pferd? Was lernt der Mensch?

Das Pferd lernt die unterschiedlichsten Pflegevorgänge kennen und bleibt dabei ruhig und entspannt.

Der Mensch lernt, auch in Alltagssituationen immer mehr Augenmerk auf das zu lenken, was er eigentlich gerne haben möchte, und er lernt, dass man das auch ohne größeren Aufwand trainieren kann.

Stehen. Haben Sie das Pferd an die einzelnen Putzutensilien gewöhnt, geht es dann darum, dass Sie es damit auch überall berühren können. Für manch einen klingt ein solcher Trainingsschritt vielleicht etwas übertrieben. Aber schauen Sie einmal, wie viele Besitzer bei den unterschiedlichsten Putzaktivitäten Stress mit dem

Pferd haben. Das muss nicht sein und kann außerdem sehr gefährlich werden, wenn ich mir z.B. vorstelle, wie viele Menschen versuchen, in einer Hand das Pferd zu halten, in der anderen den Wasserschlauch, um ihm damit die Beine abzuspritzen, wobei das Pferd ziemlich unkontrolliert um seinen Menschen herumspringt. So etwas ist einfach gefährlich für Mensch und Pferd und eventuell noch für Umstehende. Wie wäre es also mit etwas Training auch für so alltägliche Dinge?

Das Pferd lernt seinen Namen

Wie wäre es, wenn Sie zum Schluss Ihrem Pferd noch beibringen, auf seinen Namen zu hören? Über eine gezielte Positionierung der Belohnungsleckerchen werden wir das Verhalten provozieren (siehe Bilder auf den nächsten beiden Seiten).

Nehmen Sie sich eine Fußmatte oder den Deckel eines Eimers mit in die Reitbahn oder auf die Koppel. Lassen Sie das Pferd möglichst frei laufen. Zur Not geht es aber auch mit Halfter und

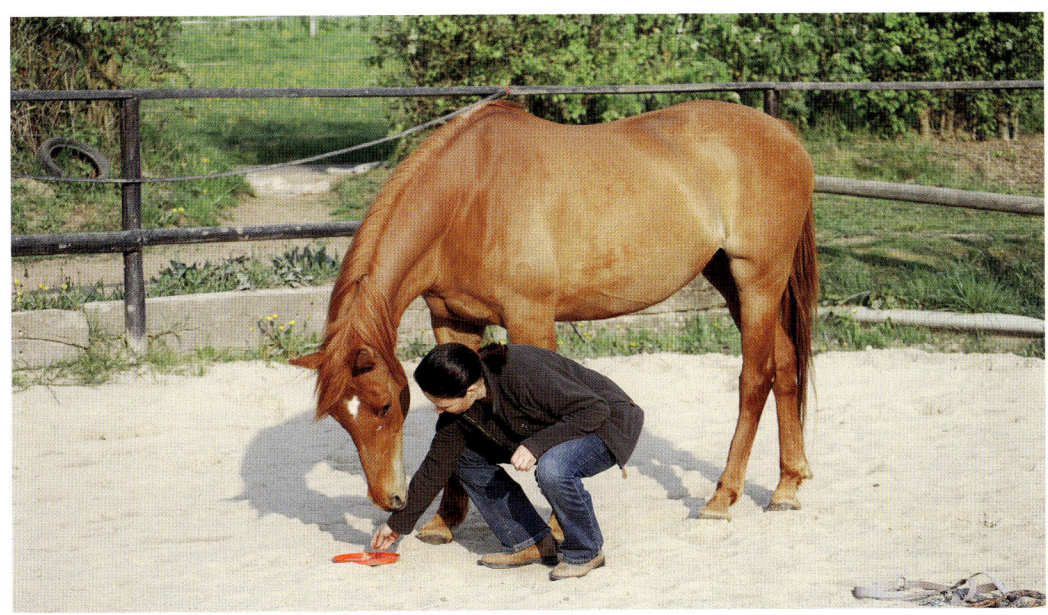

Dem Pferd wird ein Leckerchen auf eine Matte gelegt.

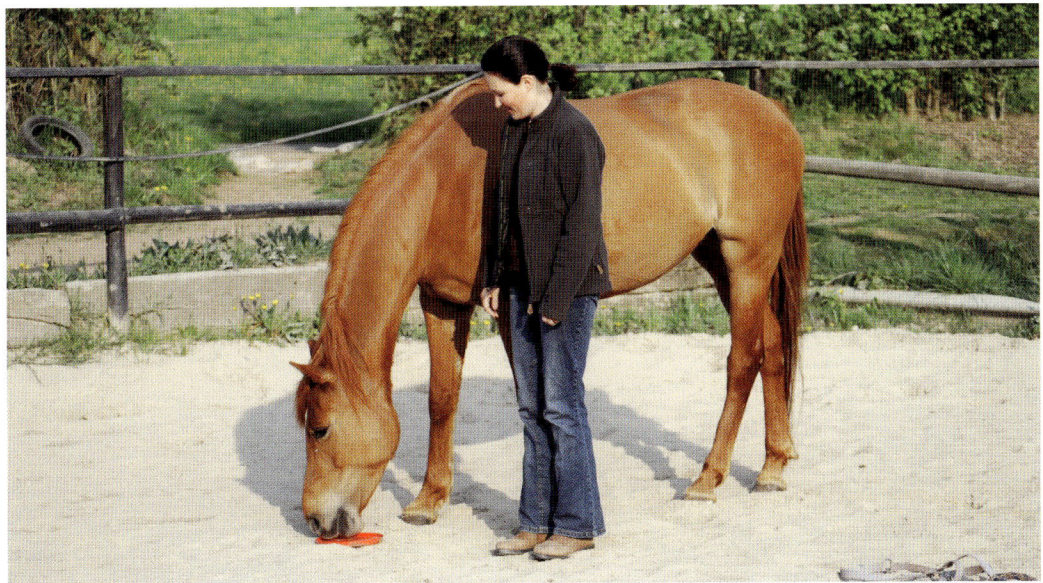

Dann kann man den Namen sagen, weil es ohnehin nach oben schauen wird.

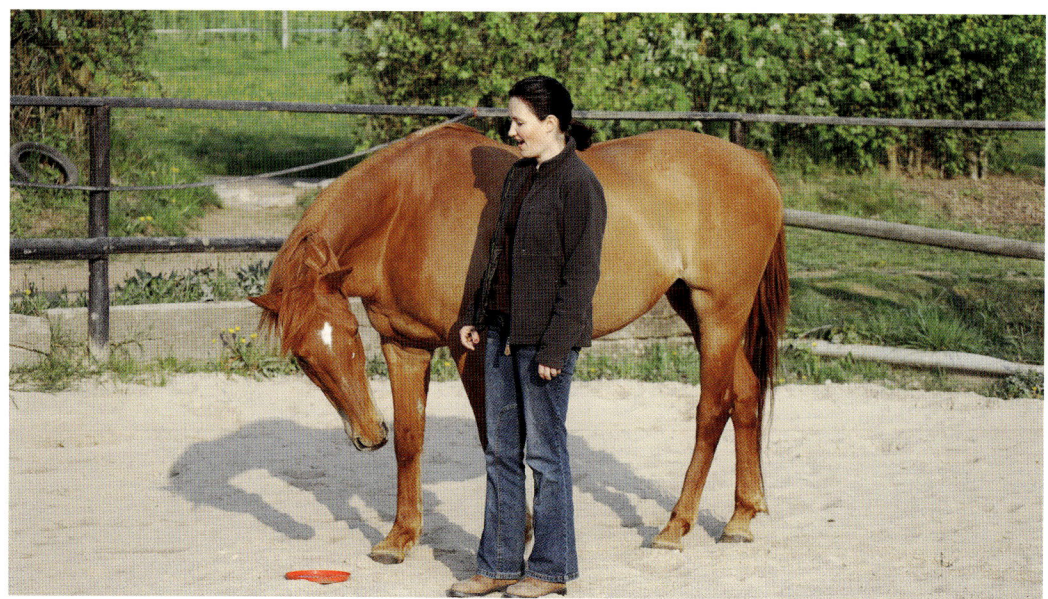

In dem Moment, in dem der Kopf nach oben kommt, gibt es das Markersignal ...

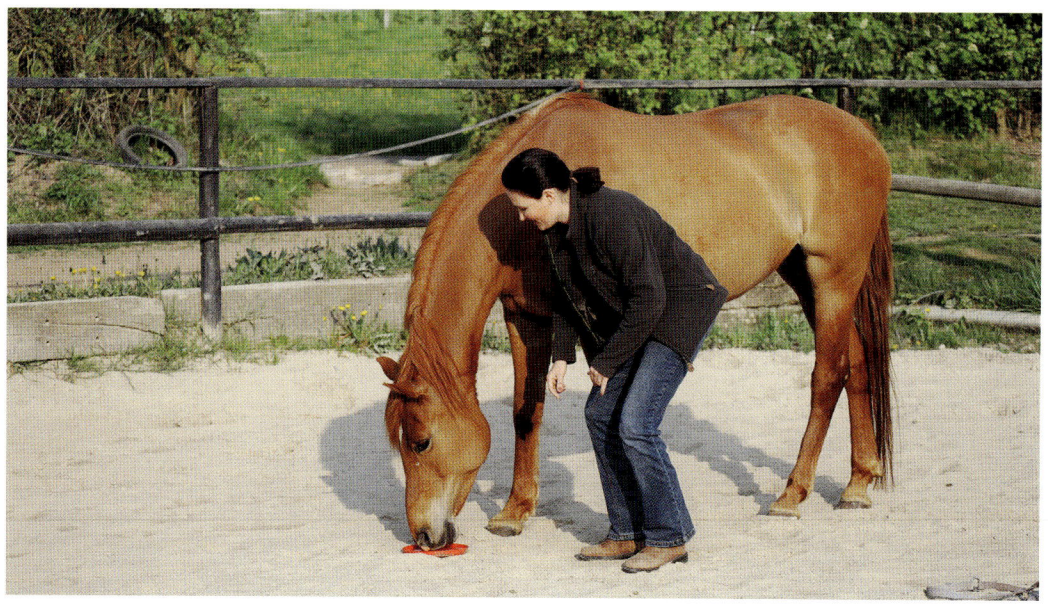

... und anschließend wieder die Belohnung auf der Matte.

Strick. Legen Sie dem Pferd zunächst einige Leckerchen auf die Matte, um zu sehen, ob es dafür auch gewillt ist, bei Ihnen zu bleiben.

Warten Sie ab, bis es alle aufgefressen hat und legen Sie dann nur ein Leckerchen auf die Matte. Wenn das Pferd das Leckerchen gefressen hat, sollte es erwartungsvoll zu Ihnen aufschauen. Genau das wollen Sie belohnen, entweder mit Clicker oder mit Lobwort oder auch nur gut getimt legen Sie genau in dem Moment wieder ein Leckerchen auf die Matte. Hat sich dieser Ablauf bei Ihnen und Ihrem Pferd eingespielt, können Sie den Namen nennen. Das machen Sie immer dann, wenn das Pferd so gut wie fertig mit dem Leckerchen ist und den Kopf im nächsten Moment heben wird. Schaut das Pferd dann zu Ihnen, wird es wieder mit einem Leckerchen auf der Matte belohnt. Wiederholen Sie das viele Male, so dass es für das Pferd selbstverständlich wird, auf seinen Namen zu Ihnen zu schauen.

Sie können mit mehreren Matten auch trainieren, dass das Pferd auf seinen Namen kommt. Legen Sie dazu drei oder vier Matten aus. Sobald das Pferd sein Leckerchen frisst, gehen Sie zur nächsten Matte, sagen seinen Namen und beloh-

Was lernt das Pferd? Was lernt der Mensch?

Das Pferd lernt, auf seinen Namen zu seinem Besitzer zu schauen bzw. auch zu kommen, je nach Trainingsaufbau. Der Mensch lernt, die Belohnungsgabe für ein Verhalten so geschickt zu wählen, dass das gewünschte Verhalten damit schon provoziert wird und das Pferd eigentlich keine Fehler machen kann.

nen das Pferd auf der nächsten Matte. Zunächst legen Sie das Leckerchen schon auf die nächste Matte, wenn das Pferd zu Ihnen schaut. Wenn das klappt, verlangen Sie mehr und mehr, dass es auch zu Ihnen kommt und legen erst das Leckerchen hin, wenn das Pferd bei Ihnen ist.
Im letzten Schritt bauen Sie noch die Matten ab. Wenn Sie die Matten entfernt haben, führen Sie die Übung zunächst am selben Ort wie sonst durch, so wie das Pferd sie kennt. Es wird jetzt aus der Hand belohnt. Danach gilt es, das Verhalten auf andere Orte zu verallgemeinern.

Anhang

uellen:

Goodwin, D., 1999: The importance of ethology in understanding the behaviour of the horse. In: Equine Veterinary J. Suppl. 28, 15–19

Goodwin, D., 2002: Horse Behaviour: Evolution, Domestication and Feralisation in N. Warran (ed.) The Welfare of Horses, Kluwer Academic Publishers

Murphy, J. & Arkins, S., 2007: Equine learning behaviour, Behavioural Processes, 76 (2007) 1–13

Pickett, H., 2009: Horses: Behaviour, Cognition and Welfare.

Warren-Smith, A. & Mcgreevy, P., 2006: An audit of the application of the principles of equitation science by qualified equestrian instructors in Australia.

Zum Weiterlesen:

Viviane Theby, Nina Steigerwald, Katja Frey, 2011: Clickerfitte Pferde: gesund, geschickt und gut erzogen, Müller Rüschlikon

Corinna Lehmann, 2009: Bausteine Dressurreiten, Müller Rüschlikon

Dr. Nathalie Penquitt, 2010: Meine Pferdeschule. Zauber der Verständigung, Kosmos

Marlitt Wendt, 2009: Wie Pferde fühlen und denken, Cadmos

Dr. Barbara Schöning, 2008: Pferdeverhalten: Körpersprache und Kommunikation. Probleme lösen und vermeiden, Kosmos

Marijke de Jong, 2009: Academic Art of Riding, E-Book

Kerstin Diacont, Andrea Löffler, 2011: Die Ausbildungsskala für den Reiter, Müller Rüschlikon

Kerstin Diacont, Andrea Löffler, 2010: Richtiges Training – gesundes Pferd, Müller Rüschlikon

Danksagung und Widmung

Das Buch würde ich gerne meinen Eltern Angelika und Dieter Theby widmen, die mich trotz diverser Bedenken immer in Sachen Pferd unterstützt haben.
Bedanken möchte ich mich bei den Models, die oft immer wieder dasselbe machen mussten, bevor ich mit dem Ergebnis zufrieden war, bei Angela Saur und Kerstin Diacont für die schöne Zusammenarbeit und bei allen, durch die ich etwas über das Lernen lernen durfte.

Viviane Theby ist Tierärztin für Verhaltens-
therapie. Sie ist eine der besten Trainerinnen
Europas, die mit positiver Verstärkung arbeiten.
Mit den verschiedensten Tierarten gelingt es ihr
hervorragend, die Erkenntnisse der Lerntheorie
umzusetzen, egal ob Pferd, Hund, Katze oder
Huhn. In verblüffender Weise vereint sie Wissen-
schaft und Praxis und ist mit ihrer ruhigen und
souveränen Art eine Bereicherung für Mensch
und Tier. Die Homepage ihrer Tierakademie
Scheuerhof finden Sie im Internet unter
www.tierakademie.de

Auf in den Sattel!

In CAVALLO entdecken Sie die faszinierende Welt der Pferde. CAVALLO überzeugt von der ersten bis zur letzten Seite mit spannenden Reportagen über Reiter- und Pferdepersönlichkeiten, nützlichen Tipps zu Gesundheit, Pflege und Psychologie, sowie kritischen Reitschul-Tests und Hintergrundberichten aus der Szene. Und natürlich allem, was man über die Ausbildung von Pferden wissen muss.

Jeden Monat NEU am Kiosk!

Unsere Erfolgsreihen auf einen Blick

Die Reitschule

Heinrich Bergmann-Scholvien, **Arbeit an der Doppellonge**, ISBN 978-3-275-01805-5

Urte Biallas, **Bodenarbeit**, ISBN 978-3-275-01708-9

Kerstin Diacont, **Grundkurs Sitz und Hilfen**, ISBN 978-3-275-01707-2

Kerstin Diacont, **Dressur für Fortgeschrittene**, ISBN 978-3-275-01749-2

Angelika Schmelzer, **Pferde erziehen**, ISBN 978-3-275-01709-6

Angelika Schmelzer, **Reiten im Gelände**, ISBN 978-3-275-01748-5

Britta Schön, **Hufschlagfiguren und Lektionen E bis A**, ISBN 978-3-275-01728-7

Britta Schön, **Mein erster Turnierstart**, ISBN 978-3-275-01777-5

Sabine Schweickert, **Fahren für Einsteiger**, ISBN 978-3-275-01803-1

Viviane Theby, **So lernen Pferde**, ISBN 978-3-275-01804-8

Sigrid Weppelmann/Sandra Mensmann, **Longieren**, ISBN 978-3-275-01727-0

Sigrid Weppelmann, **Basispass Pferdekunde**, ISBN 978-3-275-01750-8

Inga Wolframm, **Angstfrei reiten**, ISBN 978-3-275-01729-4

Inga Wolframm, **Springen für Einsteiger**, ISBN 978-3-275-01776-8

Die Hundeschule

Annegret Bangert, **Begleithundprüfung**, ISBN 978-3-275-01779-9

Ann-Sophie Griebel, **Clicker-Training**, ISBN 978-3-275-01714-0

Micaela Köppel, **Spiel und Spaß für jeden Tag**, ISBN 978-3-275-01732-4

Petra Krivy/Ann-Sophie Griebel, **Ein Hund aus zweiter Hand**, ISBN 978-3-275-01780-5

Petra Krivy/Angelika Lanzerath, **Was ein Welpe lernen muss**, ISBN 978-3-275-01689-1

Petra Krivy/Angelika Lanzerath, **Hunde verstehen**, ISBN 978-3-275-01756-0

Petra Krivy/Angelika Lanzerath, **Einfach gut erzogen**, ISBN 978-3-275-01731-7

Petra Krivy/Angelika Lanzerath, **So geht's nicht weiter**, ISBN 978-3-275-01713-3

Petra Krivy/Angelika Lanzerath, **Mein Hund im Flegelalter**, ISBN 978-3-275-01810-9

Uta Reichenbach/Tanja Sinner, **Agility**, ISBN 978-3-275-01660-0

Uta Reichenbach/Gabriele Lehari, **Sinnvolle Beschäftigung**, ISBN 978-3-275-01645-/

Monika Schaal/Ursula Breuer, **Komm zu mir!**, ISBN 978-3-275-01623-5

Monika Schaal/Ursula Daugschieß-Thumm, **Lockere Leine**, ISBN 978-3-275-01621-1

Julia Schuster/Jochen Schleicher, **Dog Frisbee**, ISBN 978-3-275-01755-3

Beate Schwarz, **Dummy-Training**, ISBN 978-3-275-01690-7

Manuela van Schewick, **Apportieren mit Spaß**, ISBN 978-3-275-01754-6

Christiane Wergowski, **Alleine bleiben**, ISBN 978-3-275-01659-4

happy cats

Nina Ernst, **Willkommen Katze**, ISBN 978-3-275-01781-2

Nina Ernst, **Zufriedene Stubentiger**, ISBN 978-3-275-01760-7

Gabriele Müller, **Miau – Katzensprache richtig deuten**, ISBN 978-3-275-01782-9

Gabriele Müller, **Katzenspiele**, ISBN 978-3-275-01811-6

Jedes Buch mit 96 Seiten,
ca. 80 Abb., broschiert,
je € 9,95/sFr 18,90/€(A) 10,30